U0066036

《哈佛商業評論》高效率團隊14堂醒腦課

豁然開朗的
商業模式思考

A NEW WAY
TO
THINK
YOUR GUIDE TO SUPERIOR
MANAGEMENT EFFECTIVENESS

ROGER L. MARTIN

羅傑・馬丁——著
洪慧芳——譯

各界讚譽

為了維持靈活與競爭力，你需要質疑你對最佳經營之道的最基本假設。在這方面，沒有人的見解比羅傑．馬丁更深刻。領導者閱讀這本書，有助於生存與蓬勃發展。

——暢銷書《獲利世代》作者　亞歷山大．奧斯瓦爾德（Alexander Osterwalder）

與其用更好的模式取代傳統模式，我更喜歡羅傑．馬丁在本書提出的基本主張：以新思維取代傳統思維。新思維是從「以組織為中心」，轉變為「以人的價值為中心」。

——海爾集團創辦人兼榮譽董事長　張瑞敏

不要光讀這本書，而是吸收它，沉浸其中——讓整個大腦沉浸在裡面，全心投入。這本書太精闢了，只要認真應用書中的內容，我保證它一定可以幫你、共事者、你的工作社群改變生活。

——暢銷書《追求卓越》作者　湯姆．畢德士（Tom Peters）

羅傑·馬丁有一種無可否認的天賦，他可以把管理與策略中複雜又微妙的情境加以提綱挈領，並提供一個框架，讓我們以全新的視角來思考最常見的問題。

——Eventbrite 共同創辦人兼執行長　茱莉亞·哈茲（Julia Hartz）

拜讀此書，就像聽卓越大師破解熱門的管理套路。它揭開讓組織真正發揮潛力的神祕真相與永恆問題。這是企業必備的經營指南。

——杜拉克研究所（Drucker Institute）執行董事　扎卡里·弗斯特（Zachary First）

這本書是卓越領導的指南。羅傑·馬丁以簡潔有趣的小故事，幫你了解局勢，做出正確的選擇，避免犯下常見的錯誤。對任何組織的領導者來說，這都是一本必讀的好書！

——前高盛平台解決方案全球負責人　史蒂芬妮·科恩（Stephanie Cohen）

在本書中，羅傑·馬丁揭露，為什麼商業界有那麼多備受推崇的架構毫無效用，並提出更精明的替代方案。

——Dropbox 執行長　德魯·休斯頓（Drew Houston）

目次

第4部　關鍵行動

｜推薦序。方素惠｜

一位犀利而溫暖的智者

這一天，我跟全球頂尖的管理思想家羅傑・馬丁（Roger Martin）進行視訊專訪，他說了一個學生時代的故事。

在就讀哈佛大學時，他曾經擔任志工，輔導那些哈佛大學裡，為課業成績掙扎的同學。當時，擔任志工的共有十二個學生，每個接受輔導的學生修習的學科都不同。

負責這個志工方案的教授漸漸地發現，十二個志工中，有一個名叫馬丁的學生，不論是來自什麼科系的學生，只要交給他，他都能有效提高對方的成績。教授有一天終於忍不住，好奇地問馬丁，他到底用了什麼神奇的方法？

馬丁回憶，在為同學診斷問題時，他從問問題開始，了解現狀和理想的差距，並且引導對方把重點放在新方法和能力上。

他會問類似這樣的問題：你認為導致成績不理想的原因是什麼？你認為你每天所做的什麼選擇，導致了這個結果？他嘗試幫助這些學生們了解，他們原本的選擇，背後隱含了什麼樣的假設，而要改變結果，他們必須先改變哪些選擇。

「我漸漸發展出一套方法來幫助學生，在我完全陌生的科目上拿到更高的成績。事實證明，這變成了我一生的好習慣。」他說。

全球排名第一的管理思想家

馬丁曾任多倫多大學羅特曼管理學院（Rotman School of Management）院長，著有《玩成大贏家》（*Playing to Win*）、《決策的兩難》（*The Opposable Mind*）等暢銷書籍，並擔任寶僑、樂高等全球頂尖企業的顧問。二〇一七年，他獲 Thinkers50 推選為全球排名第一的管理思想家，二〇一九年，他在全球的排名仍高居第二名。

多年來，**他獨創或共同創立許多知名的管理觀念**，包括今天大家琅琅上口的整合思維

（integrative thinking），以及設計思維（design thinking）等等。

在策略方面，他用一個簡單的架構，包含了五個框框，彷彿是一個濾鏡般，把複雜的情況抓出清楚的脈絡，引導人們發展策略。這五個框框，依序是五個問題：我們的必勝抱負是什麼？我們的戰場要在哪裡？我們要如何獲勝？我們需要哪些能力？我們需要什麼樣的管理系統？這五個關鍵的選擇，成為一個清楚易懂的策略邏輯。

我第一次和他見面，是在二〇一九年倫敦的 Thinkers50 頒獎典禮上。雖然身為一位享譽國際的大師，他的平易近人已達到讓人吃驚的地步。那天我上前恭喜他，希望能幫他拍一張照片，他慷慨地答應。我用右手食指指向上（意思是看這裡），後來才發現，他在照片中默默地跟我做同樣的動作，每張照片都舉起右手食指向上，真是一個可愛的智者。

二〇二一年疫情期間，我和馬丁進行了線上視訊專訪。訪問的文章刊出之後，我寄了一個PDF檔給他。過了幾天，他一直沒有回信，我心想應該是太忙吧。沒想到，大約一個星期後，他回了一封信給我，說他把這篇中文的文章放到 Google 翻譯去看了，「這是一篇好文章。」他說。又是一個謙和溫暖的舉動。

他為人溫和儒雅，但是他的文章犀利精準，切中要害，往往穿透紙張帶來極大的撞擊力。浩瀚書海（或網海）中，很多學者顧問的論述其實極為類似，或像一杯溫開水，激不起太大感受。但馬丁的論述銳利，為文直截了當，每一次都有自己獨特的觀點。

例如，他曾經大聲疾呼，是時候把 SWOT 分析丟到垃圾桶了。很多公司將 SWOT 分析奉為圭臬，沒有 SWOT 就不知如何做策略規畫，但他直白的說，大多數公司花了太多的資源和時間，只為完成一份厚厚的 SWOT 分析，實際上對於策略規畫並沒有產生決定性的影響。

他說，一件事情究竟是優勢或劣勢，是相對於你選擇的策略，也就是你的戰場，以及你要如何作戰。例如，如果你選擇的獲勝方式，是「以最廣的產品線來競爭」，那麼擁有廣泛的產品線，就成為 SWOT 分析中的優勢；但如果你選擇的獲勝方式是「可靠、穩定的交貨」，那麼產品線的廣度可就會成為劣勢。因此，當你還沒有決定在哪作戰、如何作戰，怎麼能判斷某一點究竟是你的優勢、還是劣勢呢？

管理的世界有他，真是太幸福了

你可以想見，看了他的一系列文章，再加上專訪他之後，我立刻被他圈粉了。我們因此取得馬丁的授權，在《EMBA》雜誌刊登了他一系列的策略專欄，直到今天都是許多讀者最喜歡的欄目。

在他最新出版的新書《豁然開朗的商業模式思考》裡，他有系統地將企業在各個面向習慣依循的模式一一梳理，挑戰盲點。他指出，在他研究與觀察的案例中，幾乎所有成效不彰的案例，都不是因為不夠努力，而是用錯了模式。

他在書中的第一句話，就讓人會心一笑：「我們常說，所謂的瘋狂就是反覆地做同樣的事情，卻期待得到不同的結果。我擔任策略顧問四十多年來，可真見多了這種瘋狂的事。」這就是典型的馬丁風格，接著他說：「我的角色，正是質疑現有模式，以及建構新模式。」

一如往常，他在書中提出許多獨特觀點，讓人豁然開朗，例如：不必讓顧客對你「忠誠」，只需要讓他對你「習慣」；擬定策略不是為了解決「問題」，而是讓你知道有哪些「選擇」。

他維持多年前在哈佛大學擔任志工時的習慣，運用逆向工程來探討企業經營裡碰到的各種問題，戳破慣性和主流假設，指出其中的盲點和邏輯謬誤。

一邊閱讀他在這本書中字裡行間的智慧和洞見，讓人不得不感嘆，管理的世界裡，有這位犀利、有智慧，卻又幽默溫暖的馬丁教授，真是太幸福了。

本文作者為《EMBA》雜誌總編輯

豁然開朗的
商業模式思考

｜前言｜

你不是不努力，只是用錯了思考模式

我們常說，所謂的瘋狂就是反覆地做同樣的事情，卻期待得到不同的結果。我擔任策略顧問四十多年來，可真見多了這種瘋狂的事。

當管理者覺得某種架構、方法、理論或思考方式——接下來我稱之為「模式」——無法產生預期的結果時，常會理所當然的認為，是因為「模式」沒有被貫徹執行，所以他們的解決之道往往是更加貫徹執行同樣的模式。在這樣做之後又得出同樣令人不滿意的結果時，解決之道還是再一次加倍地用力貫徹同一個「模式」。例如，當企業想追求「極大化股東價值」卻發現做不到時，就會更用力地追求股東價值；當企業想要提升執行力卻沒有改善執行效果時，就會更把提升執行力放在優先位置；當企業文化沒有朝著自己想要的方向改變，就會更積極地改變企業文化。

通常，既有的「模式」再怎麼沒效率，卻能日復一日地長久被採用，這是因為我們已習慣了透過特定「模式」來思考與行動。就像麻省理工史隆管理學院系統動力學教授約翰・史特曼（John Sterman）說的，人類通常不會有意識的「開創新模式」，他們通常只會問自己「要採用哪種模式」。

我們比較習慣的，是採用普遍接納的已知模式，來思考眼前的問題。因為我們知道，要是遇到前所未有的情況且沒有模式可套用時，有時你必須打掉重練，但打掉重練辛苦又耗時，而且麻煩透了。所以我們幾乎都會套用過去好不容易想出來的某種模式，因為這樣比較簡單，也比較快。

我們過去所受過的訓練，會一再地強化這種習慣。從小，教育體系就教我們用各種模式（如何做加減乘除、如何組織一篇文章、如何把物種分門別類等等），要我們反覆的練習這些模式。

商學院的教育也一樣，會教我們很多模式，例如五力（Five Force）分析、資本資產定價模型（CAPM）、行銷4P、經濟訂單量（EOQ）、布萊克－休斯（Black Scholes）模型、一般公認會計原則（GAAP）、加權平均資本成本（WACC）等等。不同的模式之間，還會爭搶主流地位，就像自然界中的物種一樣，勝出的模式往往也會成為大家公認的「商業智慧」。

很多企業會反覆運用這些勝出的模式，當模式效果不佳，管理者通常不會質疑模式本身，而是認為自己沒有正確的使用模式。

歷史數據就像後照鏡，指不出未來商機

我的角色，正是質疑現有模式，以及構建新模式。高階管理者（主要是執行長）聘請我去幫他們改善公司績效，這通常意味著有什麼事情令他們失望或擔憂。也就是說，公司的運作不如預期，否則他們不會找我去想辦法。

為了幫助他們，我需要判斷：為什麼結果不是他們想要的？這些年我越來越清楚，幾乎所有案例中，成效不彰並不是因為不夠努力，而是因為用了錯誤的模式。

舉個典型的例子。有一個客戶曾問我，他的公司投入越來越多的時間與精力，用最嚴格的標準來篩選研發專案，結果專案的成果卻越來越不理想，公司已經多年沒推出真正的突破

性產品。問題出在哪？

我很快就發現，該公司的研發模式，是先針對現有市場進行深入分析，然後淘汰不太有前景的產品，再投入更多時間與資源在比較有潛力的產品上。

乍看之下，這種模式很合理，但仔細觀察後我發現，這位客戶採用的方法，是以現有數據來預測未來的銷售。通常小幅度的創新，比較容易找到具體的市場數據來佐證，也比較容易被認可。相反的，突破性的創新往往缺乏足夠有說服力的市場數據，也無法證明未來會有龐大商機。

換句話說，這個看似合理的模式，其實有邏輯上的缺陷：你的決定必須依據可取得的市場數據，但那些真正突破性的創新，卻無法從現有的市場數據看出來。

那麼，有沒有其他模式可以替換呢？以前有，就是根據美國實用主義哲學家查理斯·桑德斯·裴爾士（Charles Sanders Peirce）的論點。他指出，歷史上沒有任何新概念是事先就獲得證實可行的。這表示，如果你在一個概念的發展過程中，堅持一定要先證明它的優點，那麼一個真正突破性的概念將會被你扼殺，因為你無法事先證明它的突破性。

所以，如果你要找出成功創新的點子，比較好的模式，是根據「邏輯」強度（例如問自己：為什麼認為這個點子很好？）研判，而不是根據「現有數據」的強度。然後，隨著你投入專案越深，你要想辦法創造數據，以便測試及調整——或是取消——這個點子。

拿剛剛提到的那位客戶（以及無數類似的客戶）來說，繼續不斷套用既有模式並非解決之道。解決這個問題，需要一種**新的思考模式**。

找出不同模式，已經成了我工作的核心。我通常不會接受客戶現有的模式，而是退一步問：是什麼因素，導致現有模式無法解決原本該解決的問題？更重要的是：思考這個問題，有沒有更理想的方式？

我對商業上的「模式」一直很感興趣，因為它們多多少少塑造了我們的一切。從小到大，在正規教育中，我一直探究師長教導我的模式。世界如何運轉，他們是怎麼知道的？他們確定嗎？那是放諸四海皆準的嗎？提出這些問題是我學習的方式，也幫助我找到更好的答案。雖然我知道很多老師、老闆、客戶都覺得我窮追不捨的提問很煩，但也有不少人覺得我的提問很有意思，他們也會根據我們一起想出的答案，採取行動。這，正是本書的源起。

模式、哈佛、一本書

每一次當我發現某個新模式，順利幫助客戶解決某個問題時，就會把它寫下來，與更多人分享。一直以來，我最喜歡分享的媒體，就是《哈佛商業評論》（*Harvard Business Review*）。我與最棒的編輯夥伴大衛．錢比恩（David Champion）自二〇一〇年合作以來，一起發表了二十幾篇文章。

我和錢比恩合作的文章，並不是每一篇都在質疑效果不如預期的模式，並試圖提供新的建議。但有一天錢比恩突然發現，這些文章中有很多篇都是如此，所以他提議以這種方式寫一本書。你手上這本書，就是我們那一天對話的成果。書中共有十四個獨立章節，每一章都是將一個有缺陷的主流模式，和我認為較好的替代模式相互比較。

不過要先說在前面的是，我不會傲慢地宣稱書中提出的，就是正確或完美的模式。我奉守卡爾．波普（Karl Popper）／伊姆雷．拉卡托斯（Imre Lakatos）的否證論（falsificationism），跟他們一樣，我不相信答案有涇渭分明的對與錯，只有好與壞之分。我們能做的，是盡可能使用「現有的最佳模式」，並密切追蹤成果。看到成果就繼續使用，如果沒有就設法創造更好的模式——亦即一個結果更符合你目標的模式。假以時日，你的新模式也許會出現成效不佳的情況，等著被更好的模式取代。

我知道，許多接受過科學訓練的管理者可能會相信，商業上的確存在某個正確的答案或模式。如果你就是這樣想，容我提醒你，過去科學家也曾普遍認為牛頓爵士的物理模型是絕對正確的，深信不疑上百年。後來拜愛因斯坦之賜，大家才意識到牛頓的模型不完全正確，只是大致上成立。我也無法保證書中提出的十四個模式絕對正確，但我相信這十四個新（或另類）模式，比所取代的主流模式更有可能為你帶來想要的結果。我也很樂見，大家一起來精進這些模式。

最後，你會發現在這十四章中我常以寶僑（P&G）為例，也頻繁提到寶僑的前執行長萊夫利（A. G. Lafley）。這是因為我與寶僑有一段特別長久且深厚的關係，從一九八六年以來，我幾乎一直擔任該公司的顧問。那段期間，我有幸為多位寶僑執行長提供建議，從一九八〇年代末的約翰・斯梅爾（John Smale），到最近剛退休的大衛・泰勒（David Taylor），我都有幸合作過。其中我與萊夫利合作的時間最久，他兩度擔任寶僑的執行長，任期長達十三年，書中有兩章就是改寫自我和他合撰的《哈佛商業評論》文章。當然，我們也曾合著

《玩成大贏家》（*Playing to Win*）一書。

由於長久以來與寶僑的關係深厚，我擁有第一手了解許多情況的優勢，剛好可以為書中的概念提供絕佳的例證。我以寶僑為例，主要是由於我知道這些案例的真相與事實，不需採用二手或三手資料。最重要的是，寶僑還有一個優點：它是非常知名的生活消費品集團，相較於其他讀者可能從未聽過的公司，比較容易產生共鳴。

放在書桌上，隨時翻閱

我刻意把本書共十四章文設計成可以獨立閱讀的章節，所以讀者不見得要按順序看。你可以按興趣選讀，或是在實務上遇到某一章的主題時，再找這本書來參考，把本書當成管理指南一類的工具書。

話說回來，我是學者，也是顧問，這兩種職業都很喜歡為概念「分類」。我把這些章節集結成書時，在腦中也大致把它們分成四大類，並依此順序編排：

一、經營環境

第一類，涉及企業的經營環境，或許也可以說是多數公司的營運架構。我覺得有三個主題屬於這一類，我放在第一部中討論：

1 競爭。傳統的思考模式認為，相互競爭的是企業，因此企業的核心任務是由上往下管理與控制組織。但我認為，競爭是發生在「第一線」（也就是最底層）的客服，在客服以上每一個層級的核心任務，就是幫底下的每一個層級把客戶服務做得更好。

2 利害關係人。目前的主流思考模式依然認為（雖然備受抨擊），企業是為股東服務而存在的，因此應以「股東」利益為優先。但我認為，「股東至上」並不是讓股東致富的最好方法，相反的，「客戶至上」才是公司成功、股東也可以跟著致富的關鍵。

3 顧客。主流模式認為，企業應該設法提高「顧客忠誠度」，因為這是成功獲利的關鍵。但我認為，想辦法建立消費者「不經思考的習慣」，遠比提高忠誠度更重要。

二、企業決策

第二類，與企業管理者如何做決策和選擇有關。有兩個主題屬於這一類，我列入第二部中討論：

4策略。傳統的策略思考很關注的問題是：什麼是「正確」的？但我認為，應該問的是：什麼「將是正確」的？

5資料與大數據。傳統模式認為，為了嚴謹，決策必須以數據為本。但我認為，這樣做在某些領域沒錯，但換了另一個領域則可能讓企業做出有嚴重缺陷的錯誤選擇，所以在這裡，想像力很重要。

三、組織任務

做出關鍵決策後，管理者必須思考如何落實，所以下一類主題與組織任務有關，我們將在第三部中討論的是：

6文化。主流模式主張，企業文化非常重要，所以若企業文化對公司運作不利，管理者就應該強制改變文化或重組，以產生想要的文化變革。但我認為，企業文化無法透過強制規定或正式重組角色與責任來改變，只能藉由改變個體之間的共事方式，帶來間接改變。

7知識管理。一般企業用安排勞力型工作的方式，來安排知識型工作，也就是假設知識型工作跟勞力型工作一樣，可以是一種重複同樣動作、達成同樣成果、不受時間限制的全職工作。但我認為，企業在安排知識型工作與工作者時，應該要設定成有時間限制的專案型態。

8部門。主流模式認為，企業各部門的存在，只是為了執行各營業單位的策略，所以公司裡只有營業單位需要策略。但我認為，每一個部門都需要像營業單位那樣，擁有自己的策略。

四、關鍵行動

接下來，我將深入探討企業中多數部門參與的一些關鍵行動。這一類主題構成本書剩下的六章，亦即第四部：

9計畫。很多企業把「計畫」視同「策略制定」，但兩者不一樣，因為計畫主要是為了管理風險及適應風險，而不是承擔風險。因此，比較正確的模式是把策略制定視為「選擇目標與風險」的過程，而不是選好了目標之後，在追求目標的過程中「控制風險」的流程。

10 執行。主流模式認為，你應該先制定或選擇策略，再執行或落實策略。更有效的模式認為，「策略」與「執行」沒有區別，兩者都是在不確定、受限及競爭下做選擇。

11 人才。主流模式認為，薪資，尤其是根據績效制定的激勵型薪資，是吸引及留住高階人才的最關鍵因素。但我認為，把每一位有才華的員工都視為擁有獨特需求與願望的個體，才是吸引及留住員工的關鍵。

12 創新。主流模式認為，企業重視與投資的重點應該是創造出創新的東西（無論是產品、服務，還是商業模式）。但我認為，「給創新機會」的介入設計與「創造出創新的東西」一樣重要。

13 資本投資。資本投資的主要會計模式，是按成本（減去累計折舊）列入資產負債表。計算報酬率時，是以它當分母來計算，並根據算出的獲利能力來做決策。但我認為，在資產從流動資本（unfettered capital）轉變為固定資本（embedded capital）後，就應該馬上看它的價值，並根據那個定著價值來計算報酬*。

14 併購。在主流的併購模式中，企業收購的目的，是為了從收購對象獲得有吸引力的資產或能力。但我認為，收購的主要目標，應該是為收購對象提供更多價值，而不是讓收購者從收購對象獲得更多價值。

以上十四個主題中，傳統的思考模式之所以存在，不是因為大家笨，而是因為它們的存在很有道理。因此，我不認為光靠簡短的說明，就足以說服你拋棄主流模式，改採我的建議。但我希望，上述說明足以勾起你的興趣，去閱讀各章的完整內容，並因此相信我的論點，至少試著去使用替代模式。

果真如此的話，我相信你會成為更有成效的高階管理者。

＊譯註：這是作者發明的分類，他認為公司資金是投資在許多類型的資產上。一類是所謂的流動資本，亦即現金及等同現金的資產，例如可流通證券或可迅速變現的資產。這種資產在資產負債表中是以市值計價。另一類是固定資本，就是無法輕易變現的資產，例如生產設備、配銷網、軟體系統、品牌、專利等等。如果缺乏現成的市價，這些資產在資產負債表中是以購買價格減去累計折舊或攤提金額。

第1部 經營環境

第 1 堂　競爭

別搞錯重點：
是你的「產品」和「服務」在競爭，
不是你的「公司」在競爭。

我們常會認為，商業上的競爭是發生在企業之間，例如波音跟空中巴士競爭、通用汽車跟豐田和福斯汽車競爭、微軟跟亞馬遜及谷歌競爭、可口可樂跟百事可樂競爭，而寶僑跟萊雅、聯合利華、嬌生競爭等等。

我們很容易把這些大企業，想像成參與世界大戰的西方大國，同時在多個戰場上爭奪版圖與地位。很多這些企業的執行長自己可能也有這種想法。

然而，在市場上競爭的，其實不是公司，而是它們提供的「產品」和「服務」。

比方說，對於採購窄體客機的航空公司而言，是「波音 B737」與「空巴 A320」競爭。對中型轎車的買家來說，雪佛蘭的 Malibu 是與豐田的 Camry 及福斯的 Passat 競爭。對雲端服務的客戶來說，微軟的 Azure 是與亞馬遜的 AWS 及 Google Cloud 競爭。對洗髮精的消費者來說，寶僑的潘婷（Pantene）是與萊雅的 Fructis、聯合利華的多芬（Dove）、嬌生的露得清（Neutrogena）競爭。飲料呢？如果是低卡可樂，那就是健怡可樂（Diet Coke）與 Diet Pepsi 競爭。如果是柳橙汁，那就是美粒果（Minute Maid）和純品康納（Tropicana）在較量。如果是運動飲料，那就是 Powerade 與開特力（Gatorade）。如果是瓶裝水，那就是達沙尼（Dasani）與純水樂（Aquafina）。

我們應該改用一種更正確的方式來思考競爭——**競爭，主要發生在第一線，而不是企業總部**。

顧客從多種產品與服務中選購，來滿足自己的需求。他們其實不太需要知道、也不太關心是哪家公司提供的產品或服務，更遑論貨架上的產品背後介於供貨商和經銷商之間的層層中介是誰。

當顧客在第一線接觸到糟糕的產品或服務時，就算那家公司有其他相關產品賣得很好，也無法彌補他當下遇到的糟糕體驗。拿微軟的 Windows 來說吧，就算許多麥金塔的用戶喜歡微軟的 Office 套裝軟體，Office 也無法吸引他們改用 Windows 系統。

把競爭視為發生在第一線的每一個顧客身上——而不是企業之間——這個概念，會顛覆許多管理者對使命、策略、文化、組織及決策的大部分假設。接下來我將在後續幾頁探討，領導一家企業，應該思考如何確保第一線把價值最大化，而不是把組織搞得更複雜。

管理者要採取一種方法，就是：**避免受階層制度的制約，更尊重直接接觸顧客的第一線人員的意見**。這種方法不是為了優化現有資源與能力的運用，而是為了找出為顧客提供價值的必要條件。在這種環境下，領導者必須把焦點完全放在一點上：**了解組織可以如何動用資產與資源，在第一線創造最大的價值**。

階層越高，離市場第一線越遠

雖然是產品在第一線競爭，但「讓產品有競爭力」的事情，顯然不是發生在第一線。為了創造新產品，企業必須先匯集許多資源與能力，這也讓公司成了一種複雜的組織。

一般來說，為了管理複雜的組織，企業會建立「階層」。這種「組織模式」，能讓有經驗的領導者了解市場狀況之後，對下級發號施令；下級又對下一級發出命令，以此類推。這就是為什麼在一般傳統企業裡，我們都可以看到在銷售的第一線之上有很多層級。如果說第一線是「潘婷洗髮精」，那麼潘婷的上一級就是「美髮產品部」，再上面是「美容產品部」，再更上面才是「寶僑公司」。

當然，在不同文化中，階層制度的運作方式大不相同。但無論如何，多數國家都認為，階層組織的成功，取決於高層判斷的品質。畢竟，高層最能看清整體戰況，知道該帶什麼武器、該把部隊派到哪裡。

但在商場上，競爭是產品之間的競爭，而不是企業之間的競爭。執行長的決策品質，與顧客是否會在某個時點購買產品，兩者之間的關係並不是那麼清楚。對於遠離第一線的高階管理者來說，想要預測及掌控顧客決定的個別結果，是非常困難的一件事。

這也意味著，企業內部的權力生態將出現改變：什麼樣的產品有價值、什麼樣的產品沒價值，由誰來做決定？組織的其他部門，又要如何跟直接參與公司產品和服務的事業單位互動？

你的下屬，就是你的「顧客」

如果說，一件產品或服務的價值高低，是由選購的顧客（而不是供應商）來評斷，那麼最懂顧客價值的人，就是在第一線接觸顧客的員工。而由於營收是來自第一線，因此公司裡的其他部門，都有責任協助第一線的員工去滿足顧客的需求。

事實上，公司內部較低的層級，就是它上一級主管的「顧客」。就像顧客花錢買東西一樣，「下級」都應該獲得來自「上級」更物超所值的服務。比方說，身為上級的「美髮產品部」，就應該設法（例如透過大規模美髮產品研發等其他方式）為下一級的「潘婷洗髮精」增加「淨競爭價值」。

同樣原則也適用於在這之上的每一個層級。就像「美髮產品部」為潘婷增加價值，更上一級的「美容產品部」也必須幫底下的「美髮產品部」達成同樣的目標。例如可以在龐大的美容業務中，找出對顧客的獨到見解，因為那些專門知識是美髮部門很難自行開發的。再往上推，寶僑公司也必須幫「美容產品部」去協助「美髮產品部」，好讓美髮產品部去幫助潘婷。例如寶僑有龐大的廣告預算，可以幫美容產品部降低購買美髮部廣告的成本，尤其是潘婷產品廣告的成本。

在上述的每一個層級中，如果有某一層產生的「淨競爭價值」，無法幫產品在第一線勝出，那麼這一層就是多餘的，甚至還會拖累產品的競爭力。如果寶僑的「美容產品部」協助「美髮產品部」幫潘婷創造的價值，少於美髮部（為上級）所帶來的貢獻，那麼寶僑應該考慮撤銷美容產品部這個層級（或是把該部門移到其他的事業單位底下，或是乾脆賣給其他公司）。**一個層級是否值得存在，端看它能否為下一層事業增加價值**。

同樣的道理，如果美容產品部從寶僑獲得的價值，少於它對寶僑的付出，那麼寶僑就不該擁有及掌控美容產品業務。當產品的上一個層級無法創造出足夠的淨競爭價值，產品就難以在第一線競爭。

親愛的高層，你能為部屬做什麼？

組織裡較高層級所提供的價值，必須夠高才行。因為這些層級會自動且不可避免的為第一線增加兩項成本：第一，是協調成本，第一線人員無法自行做重要的決定，必須先徵詢上一層級。這就意味著可能導致延遲，也可能無法做出對第一線業務最理想的決定（不過對公司的其他部門來說，可能是最理想決定）。第二，額外的層級會增加該層級管理者與幕僚的費用、辦公室租金與IT等直接成本，外加許多附加成本，這一切，都要靠第一線銷售的淨營業獲利來支持。

所以，上面的層級該做什麼，才有資格存在於整個組織階層中呢？

擴大營運，創造規模效益

在製造與經銷方面，最常見這種做法。例如在經銷方面，樂事（Frito-Lay）可以用較低的成本，把SmartFood爆米花及Grandma's Cookies餅乾直接送到店家，因為它原本就有樂事洋芋片與多力多滋玉米片的經銷體系（值得注意的是，美國五大洋芋片品牌中，樂事了就占了四個，剩下一個是品客洋芋片〔Pringles〕，而這要歸功於品客可堆疊的包裝設計。這種設計夠穩固，可以利用更便宜的倉庫配送，一般洋芋片太脆弱，無法採用這種便宜的配送方式）。

在研發方面，波音可以為其民航機業務提供更划算的新飛機開發服務，因為它有一個很大的軍機業務可分攤開發成本（波音的民航機大都有類似的軍用機型，可分擔這些成本）。

提供經驗，創造累積效益

例如打造品牌方面，當萊雅（L'Oreal）推出「Age Perfect 化妝品系列」時，它可以用遠比新事業自己建立品牌還低的成本，為這個新品牌加分。因為萊雅擁有一個值得信賴的美妝品牌「巴黎萊雅」（L'Oreal Paris），還有一個二十年前推出、專為熟齡人士打造的子品牌「Age Perfect 護膚系列」。萊雅可為 Age Perfect 化妝品系列提供價值，不僅是因為它的規模，也因為它在顧客心中累積了「巴黎萊雅」及「Age Perfect 護膚系列」品牌的信譽。此外，萊雅也可以利用它在這些事業及其他事業累積的專業知識，來設計 Age Perfect 化妝品的新產品。

寶僑也可以用類似的方式，把它在香水方面累積的專業知識，應用在多種品牌上，例如汰漬（Tide）、幫寶適（Pampers）、好自在（Always）、歐蕾（Olay）、超柔（Charmin）、潘婷、Cascade、Dawn、威拂（Swiffer）等等。因為多年來寶僑一直是全球最大的原香精消費大戶，已經把香味運用的學習曲線壓到最低。

讓冷漠的高層管理者「熱情」起來

以上只是幾個利用「規模效益」與「累積效益」，讓公司高層以較低成本為下一層提供服務的例子。其他像是人才招募、培訓與發展、政府關係或法規遵循，都是組織高層能為下層提供的服務。每一層級所增加的價值，都要超過該層級所擔負的成本才行。

這會帶來兩個挑戰。首先，上層管理者必須把下層員工當成「顧客」看待——了解他們的生活與需求，設身處地為他們著想。這道理聽起來再平常不過了，但令人驚訝的是，層級越高，管理者越疏離冷漠。

二〇〇〇年代中期，我與一家大型汽車代工廠合作，公司每六個月會自動送一台全新的汽車，到辦公室樓下的停車場給每一位高階主管。他們每天開車來上班時，車子都有人代為清洗、保養，必要時還會加好油。漸漸的，這些主管已經忘了顧客買車、融資、維修及駕駛車子的體驗。

這種遠離第一線的心態必須改變，而且改變必須從最高層開始。如果你身為管理高層，卻不肯定中階管理者，怎能指望中階管理者像對待顧客一樣的對待下級員工呢？

為了改善這種情況，我請執行長在內的每一位高管，親自造訪自己的顧客以及競爭對手的顧客，親自體驗第一線員工的生活。

聰明的執行長本能上就會這樣做。萊夫利（A.G. Lafley）在擔任寶僑執行長期間有個習慣：每到一個國家，都會要求當地寶僑分公司人員安排一次與當地消費者的家庭訪問，以及去當地的零售商參觀。有一次，他去中國西部農村與在河邊洗衣服的婦人交談。他想傳達的訊息很明顯：如果連全球執行長都沒有忙到無法登門拜訪顧客及巡視店鋪，你又怎麼會忙到沒有時間那樣做呢？

當每一個層級的管理者都充分了解他們的顧客、知道顧客需要什麼之後，公司高層就要面對接下來的第二個挑戰了。

你的公司，需要一套「理論」

公司可以如何為下一層級的所有業務增加淨值？如何確保每一個層級的所有事業，都有能力為再下一層級增加價值？

舉例來說，寶僑可以如何為旗下的洗滌與居家護理、婦幼用品、美妝、理容美體、保健、家庭護理等事業群增加淨值呢？百事公司可以如何為樂事、桂格食品、百事飲料等事業群增加淨值呢？微軟可以如何為生產力與業務流程、智慧雲端（Intelligent Cloud）及個人運算等事業單位增加淨值呢？

回答這些問題的時候，要先弄清楚公司應該取得哪些能力與資源，以及事業中的哪些部分應該放在一起。但這是一個雞生蛋、蛋生雞的難題：你要先知道你是為公司的哪些事業部門創造價值，才能培養創造價值的能力；而與此同時，你又必須先知道你有能力為哪些部門增加淨值，才能知道你該擁有哪些部門。這意味著領導者需要反覆琢磨，才能找到這兩者的最佳組合。接下來，讓我們看看可以怎麼做。

由於每一家多角化經營的大企業，都已經有一個由不同事業組成的「集團事業組合」，這是很好的起點。公司的每一個層級，都要為下一層級制定一份「增值理由方案」，就像一般業務策略或產品策略一樣，策略的核心是由「在何處競爭？」與「如何致勝？」這兩個問題所組成。前一個問題的重點，應該放在「選擇投資哪些能力？」，後一個問題的焦點則是「如何在選擇出來的能力中，運用公司規模或累積投資來提升下一層級的淨值？」。

當最高層級訂出了下一層級的增值理由方案，那麼下一層級每個業務單位的管理者，也應該對再下一層級每個組成事業提出同樣的一組問題。然後，下一層級又對下下一層級提出同樣的問題，依此層層類推，直到第一線正上方的那一層級。

從上到下制定公司策略，過程中會產生四個結果（intermediate outputs），通常這需要兩三輪的反覆琢磨，才能讓整個事業組合的策略達到一致性。這四個結果包括：

一、在第一線服務，需要這五大核心能力

首先，你應該找出該投資哪些能力，以及該在哪一層級投資，才能改進或增強第一線的業務。你應該在「事業群」的那個層級打造一套共用的配銷系統，讓許多事業都能透過它來配銷產品嗎？還是應該投資一個共用的研發中心，好讓某個事業研發多種產品？而開發這些能力與資源，成本是多少？

二〇〇〇年中，萊夫利接任寶僑執行長不久，就做了這項研究。二〇〇一年初，他與全球領導團隊在公司外部開了一次會議，以判斷當時支撐寶僑事業組合的關鍵能力是什麼——他們後來稱之為「核心能力」（reinforcing rods，原意是鋼筋）。他們總共提出上百項能力，

最後篩選出三個，並在反覆琢磨的過程中擴展為五個：

1 上市能力（go-to-market, GTM），透過跨部門的客戶共處團隊（例如位於阿肯色州本頓維爾〔Bentonville〕的寶僑沃爾瑪團隊），提供多元又重要的上市產品組合；

2 能夠為消費者創造有吸引力又有意義的創新；

3 能夠深入了解消費者，提供獨家見解；

4 能夠建立可信賴又引人注目的品牌；

5 有足夠的規模以有效的成本來達成上述一切。

二、有些顧客、產品與服務，你應該放棄

如果公司無法幫第一線的事業創造價值，就應該在第一線的競爭成本反映出競爭力與盈利能力下降之前，將它們從事業組合中移除。由於成本是不可避免的，但獲利並非必然，所以趁早搞清楚這點，對公司及該事業都有利。整頓事業、汰弱擇強的過程，是一項長期的任務。

寶僑為了找出關鍵的企業核心能力，啟動了一個長達十五年的流程：為寶僑無法支應營

運成本的事業，尋找更好的歸宿。這是一項涉及數十億美元的重大任務。這也是為什麼寶僑要賣掉食品事業（Jif 花生醬、Crisco 油品、品客洋芋片、Folgers 咖啡等），因為持續創新以產生優勢的能力有限，儘管其中多數是同類市場上的領導品牌。寶僑也出售了醫藥、寵物護理及專業沙龍事業，主要是因為它們的專業上市能力，與寶僑在食品、藥品及大眾經銷商管道所擁有的專業知識與影響力截然不同。

此外，寶僑也出售了技術創新方面最弱的美妝事業，例如彩妝、精品香水、染髮劑等。寶僑從集團事業組合中，出售了上百個較小的品牌，因為這些事業的規模太小，寶僑無法發揮其創新及打造品牌的能力。二〇一六年，寶僑把剩下的七十個有吸引力的品牌，歸屬到剩下的十個類別中（本來有二十幾個類別）。在這十個類別中，寶僑可以充分發揮所有的五大關鍵能力。

三、有些顧客、產品與服務，你應該努力去開發

如果公司能為旗下的現有事業組合或尚未納入旗下的事業帶來實質優勢，這意味著公司就應該往該方向投資，擴展事業組合。因此，寶僑在展開大規模的出售事業計畫（包括約三

百億美元的資產出售）的同時，也在可以利用關鍵能力的領域投資、擴大經營規模。例如收購可麗柔（Clairol），以擴大本來就很成功的美髮事業；收購默克（Merck）製藥的消費者保健事業，以加強旗下的個人保健事業。

寶僑出售的製藥事業，需要一支專門的銷售團隊來接觸寶僑獨有的通路（醫生與醫院），而寶僑收購的消費者保健事業則不同，它完全符合寶僑的核心GTM。寶僑也因為收購吉列（Gillette）而進入理容美體領域，這是一個可從寶僑的所有關鍵能力受惠的新類別。此外，吉列的歐樂B（Oral-B）口腔護理事業，不只完美搭配寶僑現有的口腔護理事業（Crest牙膏與Scope漱口水），還可以進一步拓展現有的事業，可說是這樁收購案的額外效益。

四、公司裡有些層級，應該被裁撤

前面提過，如果公司的某一個層級無法為下一級的事業增加淨值，就應該被裁撤，否則就會損害第一線的競爭力。

以寶僑為例，就裁撤了「區總裁」（regional president）這個層級。自一九九八年組織重整以來，六名區總裁（例如北美區或西歐區）負責協調其區域內所有類別的GTM活動，但是這種協調是有成本的：一來是區總裁的組織規模不小；二來是全球「事業部門總裁」（category president）為了與每個區域的顧客團隊一起達成區域目標，本來就已經投入很多的時間與心力。這兩個單位的成本都很高，因此在二〇一九年，寶僑將全球前十大市場（占寶僑銷售額的八成、獲利的九成）的區總裁層級裁撤，由全球各個事業部門總裁直接負責GTM（剩下的其他小國家則全部歸給一位高階管理者管理）。

上述變革需要做很多事情，裁撤的流程也會很複雜。想像一個多角化的企業集團，旗下只有兩個事業群，但每一個事業群底下各有兩個事業，每個事業各有兩個產品類別。這就表示，需要為十四個（兩個事業群＋四個事業＋八個產品類別）內部顧客創造淨增值的策略。

然而，大多數企業都不是從「提高第一線競爭力」的角度，來制定企業策略，因此這些公司的結構在成本與決策方面往往會迅速膨脹。在這種情況下，公司關注的重點應該是降低成本、消除層級，以及權力下放（把決策推向第一線）。

把公司的策略簡化成為公司「瘦身」，當然也意味著割捨了一些創意、活力及想像力所能帶來的價值，但從第一線往上打造公司策略，可以為你事業的第一線創造機會，贏過你的競爭對手。

第2堂　利害關係人

把顧客擺在股東之前，才能真正創造股東價值。

現代資本主義可分為兩大時期。首先是**經理人資本主義**（managerial capitalism）時期，始於一九三二年，源於當時比較激進的概念：主張企業應由專業經理人來管理。第二時期叫**股東價值資本主義**（shareholder value capitalism），始於一九七六年，主張每一家公司都應該以「股東財富極大化」為目標，只要企業追求這個目標，股東與整個社會都將受惠。

這兩個理論背後，都有深具影響力的學術論著支持。一九三二年，阿道夫．伯利（Adolf A. Berle）與加德納．米恩斯（Gardiner C. Means）出版了傳奇著作《現代股份公司與私有財產》（*The Modern Corporation and Private Property*）*，主張經營權應與所有權分離。此後，雖然還是有些公司仍由家族大股東擔任執行長，但企業界不再充斥著由洛克菲勒（Rockfeller）、梅隆（Mellon）、卡內基（Carnegie）、摩根（Morgan）等家族出身的大股東擔任執行長，而是開始聘請專業經理人當執行長。由專業經理人擔任執行長，開始大行其道。創業者所創立的新公司壯大後，明智的做法就是交給專業經理人。

一九七六年，經理人資本主義遭到猛烈抨擊，美國經濟學家邁克．詹森（Michael C. Jensen）與威廉．麥克林（William H. Meckling）在《金融經濟學期刊》（*Journal of Financial Economics*）發表〈企業理論：管理行為、代理成本和所有權結構〉（Theory of the Firm: Managerial Behavior, Agency Costs and Ownership Structure）一文，該文後來成為有史以來最常被引用的論文之一。文中主張，專業經理人忽視股東權益，只顧提升自己而非股東的利益，對股東不利，也浪費經濟資源，認為專業經理人根本是在揮霍企業與社會資源，中飽私囊。

兩位學者的主張，開啟了一種新的資本主義理念。執行長們很快就意識到，必須迅速宣誓自己致力追求的是「股東價值極大化」。董事會也很快認識到，他們的職責是讓高階經理人的收入與股票掛鉤，讓這些專業經理人的利益與股東利益一致。這樣一來，股東就不會再遭到忽視了，因為大家都是股東。

然而，股東資本主義取代經理人資本主義之後，股東的利益真的有明顯改善嗎？其實並沒有。

一九三三年到七六年底，標準普爾五百（S&P 500）成分股的股東每年賺取的平均複合實質報酬率是七・六％，一九七七年到二〇二〇年則是七・八％，兩者幾乎沒有明顯變化，也帶來一個發人深省的問題：**如果企業只關心股東權益，那麼全心專注於提高股東價值，真的是確保股東權益的最理想方式嗎？**

進一步往下想：誰是你最重要的利害關係人？我認為，**想要真正創造股東價值，你應該把顧客，看得比股東重要**。換句話說（應該沒有人會對這個主張感到意外），正如管理學家彼得・杜拉克（Peter Drucker）所說，企業的首要目的，是「獲得顧客」及「留住顧客」。如果你一心只想賺錢，肯定賺不到錢。

我先從「股東至上」的問題談起。

＊譯註：台灣銀行曾翻譯過此書。

當下的盈餘重要，還是對未來的想像重要？

雖然「股東價值極大化」的概念簡潔有力，但管理者很難落實這一點。之所以困難，與創造股東價值的方法有關。

對公司的資產與盈餘，股東有剩餘索取權，意思就是：身為股東，他們必須等公司支付了其他所有索償人——員工、退休基金、供應商、繳稅、債權人及優先股股東（如果有優先股的話）——之後，才能分剩下的東西。因此，股東們的股票價值，是所有未來現金流量的貼現值，減去上述所有支出。由於未來不可知，潛在股東必須估算未來的現金流量，而他們對未來的集體預期，決定了股價的高低。如果股東預期未來公司股權收益的貼現值低於目前股價，就會出售持股。若潛在股東預期未來價值的貼現值高於目前的股價，就會買進股票。

這表示股東價值和「現在」幾乎毫無關係。事實上，一家公司「當前的盈餘」往往只占影響股價的一小部分因素。過去十年來，S&P 500每年平均本益比是二十二倍，這表示目前的盈餘占股價的比例不到五%。

毫無疑問，如果對公司未來業績的預期是樂觀的，股東價值就會很高。二〇二一年三月，特斯拉（Tesla）的股票本益比超過一三五，因為大家認為該公司的營收與重要性將會持續成長。約莫同一時間，其他美國汽車公司的平均本益比只有十六，因為投資者對傳統汽車製造商的長期前景沒那麼樂觀。

對管理者來說，結論很明顯：**想要增加股東價值，唯一可靠的方法，就是提高大家對公司未來業績的預期**。

問題是，高階管理者根本不可能一次又一次地滿足股東。因為當股東們看到好績效，會興奮地不斷提高期望，最後會提高到管理者無法達到的期望水準。事實上，有充分的證據顯示，股東對看好的前景會過於興奮，而對看壞的前景則會過於失望。這也是為什麼股市的波動性，遠大於上市公司的盈餘波動性。過去二十年左右，S&P 500的本益比一直在一二三倍（二〇〇九年五月）到只略高於五倍（二〇一七年十二月）之間波動，到二〇二一年秋季又回升至三十九倍。

大多數高階管理者都發現了這點，他們逐漸明白，股東價值的創造和破壞是週期性的，更重要的是，那不是他們能掌控的。他們可以在短期內提高股東價值，但股價終究會回落。因此，高階管理者改為採取短期策略，並祈禱自己可以在股價無可避免崩跌之前全身而退。

然後他們往往還會倒過來，批評他們的繼任者未能挽救下跌的股價。

高階管理者常見的另一種做法，則是想辦法壓低市場對未來的預期，以便讓自己有較長時間穩步提高股東價值。換句話說，由於高階管理者無法在別人要求他們參與的遊戲中獲勝，乾脆把遊戲變成他們能贏、且確實會贏的版本。

這就是為什麼「股東價值最大化」的目標及隨之而來的薪酬方法，對股東不利的原因。那些必須達到「股東價值最大化」目標的高階管理者，都知道自己做不到。有才幹的高階管理者能夠提高市占率與銷售額、提高利潤，更有效率地運用資金。但不管他們有多優秀，只要預期與現實脫節，他們就無法增加股東價值。執行長被迫提高股東價值的壓力越大，就越有可能採取實際上損害股東利益的行動。

顧客擺第一位，才能股東價值極大化

判斷你的顧客重視什麼，專注地迎合他們，是追求價值最大化的更好方法。當然，企業在追求顧客滿意度方面，有明顯的能力極限。如果為了滿足顧客提供物超所值的產品與服務而不斷降價，公司很快就會破產。相反的，公司應該**在盡量提高顧客滿意度的同時，也確保經風險調整後的股東權益報酬率是可接受的**。

以嬌生公司為例，它擁有一份企業界最具說服力的使命宣言，也就是它所謂的「信條」（credo）——自一九四三年嬌生的傳奇董事長羅伯·伍德·強生（Robert Wood Johnson）提出這份聲明以來，就未曾變過。以下是簡略版的信條摘要：

> 我們相信，我們首先要對醫師、護士、患者、父母以及所有使用我們產品與服務的人負責。……
>
> 我們對自家員工有責任，對那些在世界各地與我們一起工作的男男女女有責任。……
>
> 我們要為自己生活與工作的社區負責，同時也要為全球社區責任。……
>
> 最後，我們要對我們的股東負責。……
>
> 當我們依循這些原則運作時，股東們就會獲得合理的報酬。

這個信條明確地闡明了公司目標的優先順序：顧客第一，股東最後。嬌生有信心，**只要**

把顧客滿意度擺在第一位，股東自然會獲得不錯的報酬。

這樣的思考，顯然是正確的。以一九八二年嬌生執行長詹姆斯・伯克（James Burke）處理止痛藥泰諾（Tylenol）遭下毒事件為例，當時芝加哥地區有七名消費者在服用有毒的泰諾膠囊後死亡。一般認為，嬌生不計較損失，堅持「做對的事」的應變方式堪稱企管課上會教的典範。雖然死亡事件只發生在芝加哥一帶，但伯克馬上下令回收全美國各地所有的泰諾膠囊，即使政府沒有如此要求。

泰諾占嬌生公司的獲利高達五分之一，在全面收回泰諾膠囊後，公司的營業額與市占率都大幅衰退。一家上市公司的執行長所做的決定竟然膽敢不顧獲利衰退，外界雖然肯定伯克勇敢擔負起道德責任，但都感到意外。

然而，仔細看嬌生公司的信條就會發現，與其說是伯克個人決定承擔起道德責任，不如說是基於嬌生公司早已明確定義的目標。也就是說，伯克身為盡忠職守的執行長，這麼做只是恪守公司的信條罷了：顧客至上，股東排第四。他並沒有把達到預期獲利目標列為首要之務，而是直接把這件事擺到最後面。

長遠來看，這個決定完全沒有傷及嬌生。事實上，在嬌生展現「顧客安全至上」，並推出全球首創的成藥防止摻偽包裝後，顧客對泰諾的忠誠度開始回升。二〇二一年三月，嬌生的市值是四一八〇億美元，全球約排名第十。嬌生公司為長期股東提供的報酬，似乎確實比信條中說的「合理」還要更好。

還有很多沒有追求股東至上的公司，也同樣為股東帶來豐厚的報酬。例如，截至二〇二〇年底，全球最大消費品公司寶僑的市值，在全球排名第十五位，而寶僑早就把消費者擺在首位。寶僑的「宗旨、價值觀及原則」宣言寫於一九八六年，該宣言所描述的優先順序，和嬌生極其相似：

> 我們將提供優質超值的產品和服務，改善現在及未來數代全球消費者的生活。我們將會因此獲得市場領先銷售地位、不斷增長的利潤和市值，進而讓我們的員工、股東，以及我們生活和工作所處的社會共同繁榮。

這份聲明的重點是「顧客滿意度」，而「股東價值的提升」只是附帶的好處之一，不是優先要務。

不過，這並不是說那些把追求股東價值視為優先核心目標的公司就表現不佳。例如在傑克・威爾許（Jack Welch）與羅伯・古茲維塔（Robert Goizueta）的領導下，奇異（ＧＥ）與可口可樂就是追求股東價值的典範。在這兩位著名ＣＥＯ任內，兩家公司的股東價值成長速度，都比S&P 500其他公司的平均快得多：在威爾許的領導下，奇異公司的股東總報酬率的年均複合成長率是二一・三％，而S&P 500平均是一〇・四％；在古茲維塔領導下的可口可樂，股東總報酬率的年均複合成長率是一五％，S&P 500平均是一〇・八％。即使那些輝煌的日子已經過了很久，如今這兩家公司的市值仍高居全球前一百五十大之列。但長期來看，這兩家公司所創造的股東價值，都不如那些明確把股東擺在後面的領先公司。

他不為股東，股價反而大漲

為什麼不追求股東價值最大化的公司，卻反而能創造出如此可觀的報酬呢？因為他們的執行長可以**專注於打造事業，而不是管理股東的期望**。

二〇〇九年，保羅・波曼（Paul Polman）接任聯合利華的執行長時告訴股東，長久以來，聯合利華在服務消費者方面一直投資不足，在創新及塑造品牌方面，並未投入足夠的資金。因此他將把長期創新和打造品牌，擺在短期的股價考量之前。不僅如此，他還要讓聯合利華成為永續發展的領導者。他說，如果股東不喜歡他的決定，那就賣掉持股吧。當時曾有許多人擔心，這會導致聯合利華的股價大跌。

結果，股價僅小幅下跌，因為關心消費者長期利益與永續發展的股東，取代了那些賣股的股東。外界普遍認為，波曼扭轉了這家營運不佳的巨擘，儘管他告訴股東，股價並非他關心的焦點，但在他領導公司的十年間，股價上漲了二六六%。

薪酬制度，是另一個關鍵的差異點。當一家公司不再執意追求股東價值極大化，董事會通常不會把執行長的薪酬，設計成著重短期績效的形式。短期獎勵會促使執行長管理短期的期望，而不是推動真正的進步。

還有，那種隨著執行長退休時計價的獎勵，只會讓執行長把退休日當成管理的終點線。就算公司在他們退休後就癱倒在地上，那也是下一任執行長要傷腦筋的問題。

奇異公司以前的股價圖，就是一個明顯的例子，奇異的股價在二〇〇〇年八月達到約六十美元的高峰。一年後，威爾許抱著創紀錄的四．一七億美元的薪酬退休。到了二〇〇二年底，也就是他退休剛滿一年不久，奇異的股價跌至二十五美元左右。二〇二一年，由於公司難以管理龐大的債務，股價一直在十美元至十三美元之間徘徊。

相反的，我們看看萊夫利在寶僑的薪酬結構。這家追求顧客滿意度最大化的公司，執行長總薪酬中約有九成是股票選擇權或限制性股票。萊夫利擁有的股票選擇權，有一個長達三年的歸屬期（vesting period）*，而且之後還有兩年的持有期（holding period）。萊夫利還將持有股票選擇權的時間延長一倍，並只在預定出售計畫（planned-sale program）的限制下出售股票。至於占了萊夫利激勵薪酬很大一部分的限制性股票，在他退休以前或甚至退休時，都沒有實際歸屬給他。歸屬期是從他退休後一年開始，為期十年。如果萊夫利設法讓股東的期望在他退休時達到高峰，但之後又下滑的話，那麼他的薪酬也會減少。因此，執行長在任期內，會放眼長遠績效，栽培卓越的接班人，讓寶僑持續維持卓越的狀態。

銷售成長、淨利率改善、資本效率提升

雖然說追求顧客價值最大化很重要，但追求股東價值最大化的誘惑也一直都在。在寶

僑，萊夫利承接的是一個行之有年的薪酬制度，把高階管理者的獎勵和「股東總報酬」（total shareholder return, TSR）綁在一起。寶僑所謂的股東總報酬是指：三年內的股價漲幅加上股利（股利再轉增資）。如果寶僑的股東總報酬位於同類企業的前半段，高階管理者就可以獲得獎金。

不過，萊夫利很快就發現，如果某一年的股東總報酬很好，次年通常表現不佳。這是因為股東總報酬率高，是預期大幅提高的結果，隔年不可能重演。他開始了解到，股東價值增加與實際的經營績效幾乎沒什麼關聯，而是與股東豐富的想像力有很大關係——臆測公司的未來績效可能增加。因此，萊夫利把發放獎金的指標，從「股東總報酬」改成「營運股東總報酬」（operating TSR），後者結合了三個實際的經營績效指標，包括銷售成長、淨利率的改善及資本效率的提升。他認為，只要寶僑滿足了顧客，營運股東總報酬就會增加，長期下來股價自然會上漲。此外，營運股東總報酬是寶僑各個事業群的總裁可以真正影響的數字，

＊編按：從公司獲得的限制股或選擇權必須根據某些規則分年分月給予，vesting period 就是指股票選擇權全部拿到手的時間。

不像股東總報酬是他們無法掌控的。

當然，不是每家把顧客滿意度列為首要目標的公司，績效都像寶僑或嬌生那麼好。但我堅信，如果更多的公司把顧客擺在首位，企業決策的品質會提升。因為當你考慮到顧客時，就會逼你把焦點放在改善營運、提供的產品和服務上面，而不是花心思去說服股東。這不表示你會失去成本原則，利潤動機也不會消失。管理者跟股東一樣，都喜歡獲利，因為公司獲利越多，就可以給管理者更好的薪酬。換句話說，追求穩健的股價，自然會限制你所設定的其他目標。但是，把股價當成首要目標，很容易誘使人犧牲長期的營運導向價值來換取短期的預期導向價值。為了讓執行長把重點放在前者，我們必須改造公司的宗旨。

＊本章改寫自馬丁發表於《哈佛商業評論》的〈顧客資本主義的時代〉（The Age of Customer Capitalism）一文，二〇一〇年一月／二月號。

第3堂 顧客

不必讓顧客對你「忠誠」，
只需要讓他們對你「習慣」。

二〇一六年五月，Instagram 捨棄原本逾四億名用戶熟悉的商標（傳統相機圖），換成扁平的現代風格。當時 Instagram 面臨來勢洶洶的競爭對手 Snapchat，該公司的設計總監認為，舊商標「開始讓人覺得沒有反映出社群的特質，我們覺得可以把它變得更好」，新商標「讓人聯想到相機」。

我們只要看一下行銷界必讀的《廣告週刊》（*AdWeek*）標題，就可以知道該刊物對這件事的評價：「Instagram 的新商標很可笑，可以改回來嗎？拜託！」《GQ》雜誌也在〈Instagram 換成沒人愛的商標〉一文中寫道，該雜誌幾位設計師的評價是「真恐怖」、「醜死了」、「根本垃圾」，並下了這樣的結論：「Instagram 花了好幾年，才讓原本的商標建立了視覺品牌資產，但現在卻不好好利用，反而拋棄一切成果，換上一個像 Starburst 水果軟糖的圖。」

Instagram 當然**不是第一家（也不會是最後一家）**在重塑品牌或重新推出商品時，引發反效果的公司。就像可口可樂推出新可樂（New Coke）時，彷彿在自討苦吃，百事推出不含阿斯巴甜的 Diet Pepsi 時，也經歷了類似的慘痛教訓：拙劣的產品改造，帶來嚴重的營收損失，公司不得不回歸原本的做法。

因此，這裡帶出了一個有趣的問題：為什麼這些表現良好的公司，總是禁不起大幅改造品牌的誘惑？如果公司正面臨一場災難，想用這種策略扭轉乾坤，那還可以理解。但 Instagram、百事、可口可樂沒有身陷絕境，根本沒必要這麼做。

我認為，答案就出在這些公司**對競爭優勢的本質有嚴重誤解**。

消費市場不斷改變，所以你也要跟著變？錯！

許多最新的策略概念主張，現代商業界瞬息萬變（這點在 app 界可能最為明顯），所以競爭優勢無法持久。越來越講究的消費者如今的選擇暴增，公司必須持續更新及調整商業模式、策略與傳播方式，才能即時因應市場現況。為了留住既有的顧客及吸引新顧客，你必須持續貼近顧客及維持卓越性。所以，Instagram 只是做它該做的事，也就是：積極主動改變。

這聽起來很有道理，但許多證據卻顯示，這種思考方式是錯的。

一九九六年，管理學家麥可・波特（Michael E. Porter）在《哈佛商業評論》發表的經典文章〈策略是什麼？〉（What Is Strategy?）中，以西南航空（Southwest Airlines）、先鋒領航（Vanguard）及宜家（IKEA），作為「具備長期競爭優勢」的例子。二十五年後的今天，這幾家公司仍是業界的佼佼者，而且它們奉行的策略與品牌管理方式大致不變，也證明「持久的優勢是不可能的」這句話站不住腳。Google、臉書或亞馬遜（Amazon）也會犯錯，或在某些方面輸給新創企業，但他們的競爭地位看來同樣不會轉瞬即逝。如果你告訴汰漬（Tide）過去七十五年或海倫仙度絲過去六十年的品牌經理，這兩個品牌的優勢不可能持久，你肯定會被他們笑死。

這讓我明白了一個關於消費者的重要真理：**熟悉的**解決方案，往往勝過**完美的**解決方案。

接下來我會利用現代行為研究提出一個理論，來解讀 Instagram 的失誤與汰漬的成功。

我認為，**公司想要維持長久的良好績效，不該總是想著為顧客提供「完美」的選擇，而是要為他們提供「簡單輕鬆」的選擇**。維持顧客忠誠度的關鍵，不在於為了維持理性或感性的最佳契合，而不斷調整來因應顧客不斷改變的需求；而是要幫顧客「避開非做選擇不可的情況」。因此，你必須創造我所謂的**累積優勢**（cumulative advantage）。

我們就從購物時大腦的實際運作談起吧。

我們的大腦，比你想像的更懶惰！

關於競爭優勢，一般認為成功的企業會選好一個定位，鎖定一群消費者安排活動，為顧客提供更好的服務。目標是讓價值主張符合顧客需求，好讓顧客重複購買公司的產品。公司藉由不斷演變的獨特性與個人化服務，來抵禦競爭對手，以取得持續的競爭優勢。

這種想法隱含了一個假設：消費者的購買決定，是經過深思熟慮的，甚至可能是理性的。他們購買產品和服務可能是出於情感，但背後總是出自某種有意識的邏輯。因此，一個好的策略會找出其中的邏輯，並採取行動以迎合該邏輯。

但是，「購買決定是來自有意識選擇」這個想法，其實與行為心理學的研究背道而馳。事實證明，與其說大腦是一種分析機器，不如說它是一台**填補空白**的機器（腦補機）：大腦從外界取得混雜、不完整的訊息，然後迅速根據以往的經驗來**填補**缺失的部分。直覺，是這個過程的最終產物，也就是：**不假思索就迅速出現在腦中的想法、觀點、偏好，而且強到足以促使我們付諸行動**。我們的直覺判斷不只是受到腦補內容的影響，也深受腦補過程本身的速度與容易程度的影響，心理學家稱這種現象為**處理流暢性**（processing fluency）。當我們說，我們做某個決定是因為「覺得這是對的」，就表示促成決策的處理過程很流暢。

處理流暢性本身，就是反覆經驗累積的產物，而且隨著體驗次數的增加，流暢性會大幅提升。當我們以前曾經接觸過某物件，未來也更可能迅速察覺及辨識該物件。當某物件一再出現時，負責記住非辨識特徵的神經元，會抑制自身的反應，讓神經網路在辨識物件方面變得更敏銳、更有效率。重複的刺激會降低感知與辨識門檻，讓我們不必太費神就能注意到物件，而且更快、更準確地說出其名稱。更重要的是，**消費者通常更喜歡反覆的刺激，而不是新的刺激**。

總之，有關人腦運作的研究顯示，大腦最喜歡自動化運作，特別是相較於有意識的動腦思考。如果可以選擇的話，大腦寧可一遍遍地做同樣的事情。舉例來說，**如果隨著時間推移，大腦逐漸認定汰漬可以把衣服洗得更乾淨，那麼只要汰漬可在超市貨架或網路上買到，我們就會覺得再次購買汰漬，是一件輕鬆又熟悉的事。**

因此，消費者挑選市場上的領導品牌，原因往往是這樣做最簡單省事：在任何通路購物，領導品牌總是最顯眼的選擇。這也是為什麼無論在超市、大賣場或藥妝店，領導品牌都占有貨架上最主要的位置。

此外，你很可能以前就從某個貨架上買過同樣的商品，而再次購買是最不費勁的行動。你每一次買同樣的商品時，都會變得更容易，大腦會為你喝采。這樣的行為會導致該產品與其他產品之間的「易買性」落差擴大，而每次購買及使用同樣的商品時，「易用性」差距也會擴大。這個現象，無論在新經濟與舊經濟中都可以看見。比方說，如果你把臉書設為瀏覽器的首頁，你會開始日益熟悉臉書頁面的每個面向，其效果就像你在超市面對一整排汰漬洗衣粉那樣強大，甚至更強大。

選擇最大、最容易買的品牌，久而久之會形成一種循環，在這個循環中，領導品牌的優勢會不斷提高。每次你選用某種產品或服務，它的優勢就會持續累積，凌駕於其他的產品與服務。

除非出現什麼變化，迫使我們有意識地重新評估，否則累積優勢的成長是勢不可擋的。三十五年前，在獲利豐厚的美國洗衣粉市場，汰漬領先聯合利華的Surf約二八％到三三％。當時的消費者慢慢養成了這樣的購買習慣，使汰漬逐漸拉開與Surf之間的市占率差距，兩者的市占率差距也越來越大。二〇〇八年，聯合利華退出美國的洗衣粉市場，把旗下洗衣品牌賣給一家自有品牌的洗衣粉製造商。如今，汰漬在美國市占率超過四〇％，是遙遙領先的最大品牌。汰漬最大的品牌對手，市占率不到一〇％（關於小品牌為何能在這種環境下生存，參見下文〈小眾品牌能存活，要感謝大品牌的忠誠度不夠高〉）。

小眾品牌能存活，要感謝大品牌的忠誠度不夠高

如果說，消費者購買產品是習慣使然，我們就很難說他們是「忠誠的」顧客。所謂忠誠的顧客，是指他們認為該產品滿足其理性或感性的需求，所以自覺性地堅持購買該產品。事實上，顧客遠比許多行銷人員所想的還要善變。那些通常被認為靠忠誠顧客支持的品牌，其品牌忠誠度得分往往最低。

例如高露潔和Crest，是美國市場上領先的牙膏品牌，兩者的市占率差距約為七五%。這兩個牌子的顧客有五〇%的時間是忠誠的（他們喜歡的品牌占他們每年牙膏購買量的五〇%）。

但另一個品牌Tom's牙膏，是緬因州標榜「天然」的小眾品牌，有一%的市占率，一般認為它有一群死忠顧客。你可能以為那一%大都是一再回購的回頭客，但實際上Tom's牙膏的顧客當中，只有二五%的時間是忠誠的，也就是說，這個小眾品牌的顧客忠誠度，只有大品牌的一半。

那麼，為什麼像Tom's牙膏這樣的邊緣小眾品牌還能生存下來呢？答案可能令人意外：因為當大品牌的忠誠度只有五〇%時，就有足夠的顧客偶爾購買小品牌，以維持小品牌的營運。

不過，小品牌終究還是無法克服熟悉度障礙，雖然偶爾有全新品牌打入市場並成為領導者的案例，但我們很少看到一個成熟的小眾品牌，可以超越知名領導品牌。

所謂累積優勢，其實就是養成習慣

話說回來，我並不是說消費者都是不理性的，也不是說價值主張的品質無關緊要。事實正好相反：人們購買產品，一定都有理由。此外，有時拜新技術或新法規所賜，企業可以利用種種方法來吸引消費者購買其產品，例如大幅降價、提供新功能，或為顧客需求提供全新的解決方案。

所以，「目標市場」與「如何致勝」等選擇仍是策略的關鍵。如果一家公司沒有優於競爭對手的價值主張，可說是毫無立足之地的。

但若要延續最初的競爭優勢，公司就必須投入資源，**把價值主張轉變成一種習慣，而不是選擇**。因此，我們可以把「累積優勢」正式定義成：企業透過讓顧客越來越習慣選用其產品或服務，在其初始競爭優勢上層層疊加的東西，就是累積優勢。

無法建立累積優勢的公司，的確很可能會被成功做到這一點的對手超越，Myspace就是一個很好的例子。很多人認為，Myspace的失敗證明了一件事：競爭優勢在本質上是不可持續的，不過這裡我想提出一種不同的看法。

Myspace於二〇〇三年八月推出，兩年後成為美國最大的社群媒體；二〇〇六年超越Google，成為美國最多人造訪的網站。但短短兩年後，Myspace就被臉書超越了，而且從此一蹶不振。二〇〇五年，新聞集團（NewsCorp）以五．八億美元收購Myspace；但到了二〇一一年，只能以三千五百萬美元的價格出脫，脫手價只剩當初收購價的零頭。

為什麼Myspace會失敗？我的看法是：它完全沒想過要建立及維持累積優勢。

首先，Myspace允許用戶建立展現個人風格的網頁，所以用戶連上每個個人頁面時，都覺得差異很大。它還以突兀的方式投放廣告，而且葷素不忌，連不雅廣告也顯示，因此激怒了監管單位。新聞集團收購Myspace後，大幅提高廣告密度，導致網站顯得更加雜亂。為了吸引更多用戶，Myspace推出《彭博商業週刊》（*Bloomberg Businessweek*）所說的「許多令人眼花撩亂的功能，包括通訊工具（如即時通訊）、分類廣告、影片播放器、音樂播放器、虛擬卡拉ＯＫ、自助廣告平台、個人檔案編輯工具、安全系統、隱私過濾器、Myspace 書單等等」。結果，Myspace 不是把自己變成一個用戶越來越習慣的選擇，而是讓用戶下意識地擔心 Myspace 接下來又要胡搞什麼。

相較之下，臉書從一開始就持續建立累積優勢。一開始，它有一些 Myspace 所欠缺的吸引人的功能，使它成為一個很好的價值主張。但臉書之所以成功，更重要的是它的外觀，讓使用者感覺始終保持一致。當臉書從桌機版延伸到行動版時，也確保了用戶的行動體驗與桌機體驗高度一致。每當它推出新功能，都設法不影響用戶的使用習慣及熟悉感。臉書藉由提供可靠的熟悉體驗，建立了累積優勢，成為世界上最令人上癮的社群網站。也因此，臉書的子公司 Instagram 改變商標的決定，更加令人費解。

讓消費者「習慣」你的四個方法

前面談到的 Myspace 與臉書，充分說明了兩件事：第一，建立持久優勢是有可能的；第二，建立持久優勢不是必然的。那麼，企業該如何建立累積優勢的保護層，以維持、強化及延續競爭優勢呢？以下是四個基本原則。

一、趁早搶占市場

這不是什麼新概念，例如波士頓顧問公司（Boston Consulting Group）的創辦人布魯斯・亨德森（Bruce Henderson）就提過這種理論。亨德森特別重視累積產出對成本的有益影響——亦即如今出名的「經驗曲線」：隨著製造商生產某物的經驗增加，成本管理會越來越有效率。他主張，企業早期應該積極定價（他的說法是「領先經驗曲線」），先搶占足夠的市占率以降低成本，拉開與對手的差距，創造較高的獲利。言下之意很明顯：趁早搶得市占率非常重要。

行銷人員很早就知道，趁早取勝很重要。汰漬是寶僑最受重視、最成功、最賺錢的品牌之一，當初是專門為迅速成長的洗衣機市場推出的。一九四六年上市時，汰漬立刻成為同類商品中廣告打得最兇的品牌。寶僑也確保消費者在美國購買洗衣機時，一定會獲得一盒免費的汰漬洗衣粉，幫消費者建立使用汰漬的習慣。汰漬因此迅速成為最多人使用的洗衣粉，一路領先至今。

免費使用新產品的試用包，是行銷者常用的招數。積極定價（又稱掠奪性定價，亦即低價搶市）也是同樣熱門的手法。三星（Samsung）就是靠供應平價Android手機給電信公司，讓電信公司以免費手機綁約，才在全球智慧型手機的市占率上領先。對網路事業來說，免費是養成習慣的核心策略。幾乎所有成功的大型網路公司——eBay、Google、推特（Twitter）、Instagram、優步（Uber）、Airbnb——都是靠免費提供服務來培養及加深用戶的使用習慣，然後再把這些用戶賣給願意付費的服務供應商或廣告商。

二、為「養成習慣」而設計

前面提過，要讓消費者自動選擇你的產品。因此，你應該朝這個方向來設計產品——別讓結果完全聽天由命。我們已經看到，臉書因設計上重視一致性、容易讓人習慣而受益。它不只把平台變成一種習慣而已，而是把「查看更新內容」變成讓十億用戶上癮的活動。當然，臉書也從日益龐大的網路效應中受益，但它真正的優勢，在於讓用戶嚴重上癮，欲罷不能。

智慧型手機的先驅黑莓機（Blackberry），可能是在設計上刻意讓用戶上癮的最佳例子。該公司的創辦人麥克·拉薩里迪斯（Mike Lazaridis）當初創造黑莓機時，就力求設計要盡量讓用戶陷入以下循環，無法自拔：感覺黑莓機在震動→掏出黑莓機→查看訊息→在迷你鍵盤上輸入回應。

這招果然奏效，黑莓機因此有「毒莓機」（CrackBerry，crack 是快克古柯鹼）的綽號。這種用戶習慣是如此的根深柢固，即使後來 iPhone 等內建 app 的觸控螢幕手機流行了起來，把黑莓機擠出市場，仍有一群堅持不願適應新習慣的黑莓機死忠用戶，成功說服黑莓公司重新推出復刻版的黑莓機，而且還為新機取了一個令用戶欣慰的名稱：經典（Classic）。

德州大學的心理學家雅特・馬克曼（Art Markman）指出，設計讓人養成習慣的產品時，應該遵循兩個規則。首先，產品設計中那些**遠看就能一眼辨識的元素必須保持一致性，以便顧客可以迅速找到你的產品**。獨特的顏色與形狀可以做到這點，例如汰漬的亮橘色、多力多滋的商標。

第二，**讓產品融入用戶的環境，讓用戶更樂於使用**。寶僑推出 Febreze 除臭／芳香劑以後，消費者雖然喜歡該產品的效用，卻不常使用。後來發現，部分原因在於 Febreze 的瓶身看起來像玻璃清潔劑，許多消費者覺得應該把它收在水槽下面。寶僑因此重新設計瓶身，好讓消費者把它放在櫃台上或比較顯眼的櫥櫃裡，後來消費者的使用就增加了。

遺憾的是，企業改變產品設計的結果，往往是破壞而不是強化顧客的使用習慣。你應該尋找的是那些能夠強化習慣並鼓勵回購的改變，亞馬遜推出的一鍵購物鈕——Dash 按鈕就是一個絕佳的例子。透過這種簡單的方式，顧客可以再次訂購常用的商品，亞馬遜藉此幫顧客養成習慣，並把顧客緊緊地鎖在特定的通路中。

三、記得跟強勢品牌掛鉤

前面提過，企業「重新推出」、「重新包裝」或「改造平台」，往往有一些風險。這樣的嘗試可能逼顧客改掉原本的使用習慣。當然，公司必須讓產品跟上時代，但更新技術或功能時，最好能讓新版的產品或服務保留舊版的累積優勢。

不過，即使是最懂得建立累積優勢的公司，有時也會忘記這條原則。例如寶僑，汰漬上市以後的第一次重大創新，是在一九七五年推出 Era 這個液態洗衣精的新品牌，但因為沒有保留汰漬的累積優勢，Era 未能成為重要品牌。

這讓寶僑認清了一個事實：汰漬是「洗潔劑」這個類別的第一品牌，與消費者有深厚的關係，又有強大的累積優勢。於是，一九八四年，寶僑以大家熟悉的包裝及一貫的品牌設計，推出「汰漬洗衣精」。雖然汰漬洗衣精上市的時間，遠遠落後競爭者，但仍成為洗衣精的領先品牌。

有了那次經驗以後，寶僑更小心翼翼地確保未來的創新，都沿用汰漬品牌。例如，當寶僑開發出有漂白功能的洗衣精時，就把產品命名為「汰漬淨白去漬洗衣精」（Tide plus Bleach）；推出突破性的冷洗技術產品時，也取名為「汰漬冷洗精」（Tide Coldwater）；推出革命性的三合一洗衣球，則命名為「汰漬洗衣膠囊」（Tide Pods）。這種品牌操作方式就是要告訴消費者：這是你們愛用的汰漬，只是多了漂白功能、冷洗專用，或採用洗衣膠囊的形式。這種令人安心又熟悉的改變，會加強——而不是削弱——該品牌的累積優勢。這些新產品都保留了汰漬的傳統包裝外觀：亮橘色及靶心商標。汰漬曾數次改變產品外觀，例如剛推出汰漬冷洗精時採用的是藍色包裝，但消費者反應不佳，寶僑只好又迅速回歸傳統設計。

當然，有時為了維持實用性與優勢，改變是絕對必要的。在這種情況下，聰明的公司會幫顧客從舊習慣過渡到新習慣。網飛（Netflix）最初的服務是郵寄ＤＶＤ給顧客，如果它為了盡量延續原本的商業模式而拒絕改變，應該早就關門大吉了。現在，網飛成功轉型為影片串流服務。

雖然網飛目前推出截然不同的數位娛樂平台，並涉足一系列全新的活動，但它藉由強調一些不必改變的東西，來協助顧客適應轉變。它的外觀及給人的感覺還是一樣，同樣是訂閱服務，讓顧客不必出門就能獲得最新的娛樂。因此，它的顧客可以在盡量維持舊習慣的同時，適應必要的改變。不管品牌經理和廣告商覺得「新版」聽起來有多棒，對消費者來說，「升級版」比起「新版」聽起來還是比較安心，也不會那麼令人不知所措。

四、訊息越簡單越好

行為科學先驅丹尼爾・康納曼（Daniel Kahneman）把習慣驅動的潛意識決策稱為「快思」，把深思熟慮後有意識的決策稱為「慢想」。而很多做行銷與廣告的人，往往活在「慢想」模式中。他們會在廣告中巧妙地結合一些元素，凸顯新產品或服務的許多優點。沒錯，巧妙又令人難忘的廣告有時確實可以讓顧客改變習慣。如果消費者認真看廣告，並且啟動「慢想」模式，他可能會說：「哇，這好吸引人，我也要！」

但如果觀眾沒在認真看廣告（絕大多數是如此），那些廣告人精心設計的訊息，可能反而帶來反效果。以三星熱賣的Galaxy智慧型手機為例，幾年前他們為新機型推出廣告，廣告一開始，連續出現幾支外觀看起來差不多的智慧型手機，這些手機有以下幾個缺點：1不防水，2無法防止幼童意外發送出令人尷尬的訊息，3無法輕易更換電池。接著，廣告得意洋洋的指出，外觀看起來也很像前三支手機的 Galaxy，克服了前述所有缺點。

處於「慢想」模式的觀眾看完整支廣告可能會被說服，相信 Galaxy 手機與其他手機不同且更加優異。但有更多處於「快思」模式的觀眾，反而會在潛意識裡把 Galaxy 手機和那三個缺點聯想在一起。他們選購手機時，潛意識可能浮現以下的想法：「別買那支不防水、無法防止意外發訊息、難以更換電池的手機。」事實上，那支廣告還會促使消費者去購買競爭對手的產品，例如成功強調自己能防水的 iPhone。

切記：**我們的大腦很懶，它不想集中注意力去吸收複雜的訊息**。直接主打 Galaxy 手機的防水功能，會更有說服力。更好的做法，是在廣告中讓消費者買一支 Galaxy 手機，店員告訴他那支手機完全防水。這樣的廣告會告訴「快思」模式的大腦，你希望它怎麼做：去店裡買一支三星 Galaxy 手機。當然，對那些只在意廣告文案是否巧妙的行銷人員來說，這兩種簡單直接的廣告都不太可能獲得他們的青睞。

許多策略家似乎相信，只有不斷讓公司的價值主張成為審慎消費者的理性或感性首選，才能實現持久的競爭優勢。他們或許忘了潛意識在決策中的主導地位，也或許他們從未明白這個道理。

對處於「快思」模式的消費者來說，在時間推移下，容易買到又讓人安心、習慣去購買的產品及服務，將會勝過那些難以買到又需要養成新習慣的新商品。所以，企業應該避免落入不斷更新價值主張與品牌形象的陷阱。無論是老字號業者、小眾業者或是新進業者，任何公司都可以在了解及遵循累積優勢的四大規則下，讓優異的價值主張所帶來的初始優勢延續下去。

＊本章改寫自萊夫利與馬丁一起發表於《哈佛商業評論》的〈顧客忠誠度沒那麼神〉（Customer Loyalty Is Overrated）一文，二〇一七年一月／二月號。

第2部 企業決策

第4堂　策略

擬定策略不是為了解決「問題」，
而是讓你知道自己有哪些「選擇」。
以下是七個步驟。

很多做策略規畫的人，常以嚴謹自豪。他們認為，策略就該立基於數字與周延的分析，不受偏見、判斷或意見的影響。各種分析報表做得越多越仔細，企業就越感到安心。在現代世界中，「科學」就是「好」的同義詞，而數字與分析，通常讓人**感覺**很科學。

真是如此的話，為什麼多數中大型公司常會被年度策略規畫搞到焦頭爛額？為什麼他們花那麼多時間投入策略規畫，結果對企業的影響卻如此之小？與這些公司談過，你可能會發現一種更深層的挫敗感：**策略規畫無法產生新策略，只會延續現狀**。

企業界有一種常見的反應，就是乾脆採取反科學的做法——不再做有條理的數字運算與分析，而是改在辦公室以外的地方舉辦某種「腦力激盪大會」，或是線上的「即興發想討論」，讓思維「跳脫框架，打破常規」。當然，這麼做的確可能促成一些天馬行空的新點子，但更有可能的結果是，這些想法無法轉化為有效的行動。「有些想法會被留在框架與常規之外，」誠如一位管理者所說：「不是沒有原因的。」

為了打破這種僵局，你必須改變思維方式：**擬定策略的時候，重點是找出可能正確的做法，而不是正確的做法**。套用科學的說法就是，想要開發一個致勝策略，需要創造及測試新的因果假說，並找出我們必須做什麼改變，才能使這個假說成立。新假說的結構化開發，就像數據的結構化分析，都是一種科學流程。

接下來，我來談一下制定策略的七個步驟，如何訂出一套明確的假說——也可以叫做**策略可能性**（strategic possibilities）——供負責制定策略的人來選擇。這七個步驟的流程，可以幫助你檢視每一個策略可能性需要具備什麼條件，分析及判斷哪種可能性最有可能實現。

第一步：把「問題」，變成「選擇題」

一般企業在討論策略的時候，通常會把焦點放在「解決」某個特定「問題」上，例如獲利或市占率衰退等等。這樣的出發點，會掉入一個陷阱：只專注與問題相關的資料，而不是探索及測試更多更好的選擇。

要避免掉入這種陷阱，有一個簡單的方法，就是為「問題」提供兩種截然不同的「解決」方案。當你只有一種解決方案，你的分析與情緒就會集中在接下來該做什麼，而不是描述或分析問題。

這種從「更多可能選擇」出發的方法（possibilities-based approach），能讓我們意識到組織必須有所選擇，而選擇，是會帶來後果的。對管理團隊來說，這也是徹底扭轉思維的開始，也是啟動策略制定流程的第一步。

一九九〇年代末，寶僑想要大舉進軍全球美容保養業時，遇到一個大問題：它缺乏一個知名可靠的皮膚保養品牌，而皮膚保養是美容業中規模最大、獲利最高的市場。當時寶僑只有歐蕾（Oil of Olay）這個平價小品牌，而且這個品牌的消費者日趨熟齡。針對這個問題，寶僑提出了兩種可能性：要嘛，把歐蕾徹底改造成萊雅、克蘭詩（Clarins）、萊珀妮（La Prairie）等品牌的強大競爭對手，要嘛出高價收購市面上的皮膚保養大品牌。把原本的「問題」變成「選擇題」之後，有助於管理者更全面評估各種條件。以這個例子來說，寶僑就把「思考一個問題」，變為「面對一項選擇」。

第二步：別限制自己的想像，大膽列出各種可能性

當你把問題變成選擇題之後，下一步就是評估各種可能性。所謂的可能性，可以是已知的選擇（例如，寶僑可以試著把歐蕾推到更高價位的市場，或是收購妮維雅、買下雅詩蘭黛旗下的倩碧等等），但也可以是有待研究的選項（例如，寶僑可不可以把旗下成功的化妝品品牌 Cover Girl 擴展到皮膚保養領域，打造成一個全球品牌）。

找出更多策略上的可能性，是經營上真正最有創意的行動。美容同業們沒有料到，寶僑竟然會選擇徹底改造歐蕾，並大膽挑戰知名的領先品牌。為了產生這種創意選項，你必須清楚知道構成一個「可能性」有哪些要件。你還需要一個充滿想像力又務實的團隊，以及一套

管理思辨的完善流程。

「可能性」的構成要件一：你期待什麼樣的結果

這裡所謂的「可能性」，基本上就是關於一家公司如何取得成功——要進入什麼市場及如何取勝——的故事。你所描述的這個故事，應該符合公司內部的一貫邏輯。不過你暫時不需要證明是否行得通，只要能想像它**可能**成立就行了。把「可能性」定義為不需要證明的故事，有助於大家討論更多「也許可行，但尚未存在」的選項。

通常在討論策略可能性的時候，大家只會提出大方向。但大方向諸如願景（例如「邁向全球」）或目標（例如「成為第一」），都稱不上是策略可能性。相反的，團隊成員應該詳細說明他們希望達到或善用哪些**優勢**、這些優勢適用的**範圍**，以及整個價值鏈中有哪些**活動**可以帶來想要的優勢。不這麼做的話，我們就不可能剖析可能性背後的邏輯，也無法對該可能性做後續的測試。

以 Cover Girl 為例，Cover Girl 這個強大品牌、既有的消費客群，再加上寶僑的研發與全球上市能力，都是它的**優勢**。而以上優勢適用的**範圍**，則是目前 Cover Girl 的核心客群

（較年輕的人口）、北美地區（從這個Cover Girl高市占率的區域開始建立國際市場）。至於關鍵**活動**則是包括：運用Cover Girl的模特兒班底，以及找名人代言。

常有管理者問我：「那麼，該提出幾種可能性才對？」答案視情況而定。有些產業能提出的故事較少，因為根本沒有那麼多好的選項。有些產業有許多可能的走向，尤其是正處於醞釀期的產業，或擁有許多顧客區隔的產業。我發現，多數團隊會深入評估三到五種可能性。

倒是有一點我非常堅持：你的團隊**必須提出不只一種**的可能性。否則，永遠無法真正啟動策略制定的流程，因為團隊根本不覺得自己在做選擇。分析單一的可能性，無助於產生最適行動，更確切地說，是根本無法產生任何行動。

而且在擬定策略時，你也應該把「市場現況」或「目前趨勢」一併思考。這可以迫使團隊明確說明「在什麼條件下，現況可以保持下去？」這樣可以消除一個常見的隱含假設：「最壞的情況，大不了就是維持現狀。」要知道，「維持現狀」有時就等於衰退，把「市場現況」列入討論，可以讓團隊檢討它，並提出質疑。

以Cover Girl來說，除了維持現狀，寶僑的團隊還提出五種策略可能性。一是捨棄歐蕾，改為收購某個全球護膚大品牌。二，維持歐蕾原來的大眾平價定位，善用公司的研發能力來改善除皺抗皺效果，藉此強化它對目前那些熟齡消費者的吸引力。三，把歐蕾提升為高檔品牌，在百貨公司及專業美容店等精品通路銷售。四，把歐蕾徹底改造成精品型品牌，以便更廣泛地吸引較年輕的女性（三十五歲到五十歲的輕熟女），並透過傳統的大眾通路，由願意提供「大眾精品」（masstige）的零售夥伴另闢專區來展售。最後，是將Cover Girl品牌擴展到皮膚保養領域。

「可能性」的構成要件二：你需要什麼樣的成員

你的團隊應該由具有不同專長、背景及經驗的人組成，否則很難想出有創意的可能性，並為各種可能性構思足夠的細節。

我發現，把不曾參與開創的人納入團隊會很有幫助，因為他們在情感上不會受到羈絆。這通常也意味著，可以讓那些有潛力成為高階管理者的人加入團隊。我也發現，來自公司外部（最好是業界以外）的人，往往可以提出最原創的點子。

最後，我認為很重要的一點是，營運部門的主管也應該編納進來，不是只有幕僚加入。這樣不僅可以讓團隊更理解實務上的運作，還可以盡早讓大家投入及了解最後選定的策略。

至於團隊的最理想人數，要視組織及企業文化而異。例如，有包容性文化的公司應該組建大團隊。如果你選擇組建大團隊，可以分組討論特定的幾個可能性。團隊人數超過八人或十人時，往往會自我審查*，不敢暢所欲言。

讓最資深的人擔任團隊的領導者，往往也不是好主意，因為大家無法判斷他到底是不是從資方的角色來看待事情。相反的，選擇一個大家都敬重、位階較低的內部人士來當團隊領導，比較不會被認為帶有強烈的預設立場。或者，也可以找與公司有合作經驗的外部人士來引導討論。

「可能性」的構成要件三：訂出遊戲規則

選定團隊後，這些成員必須致力於把第一步（提出可能性）和後續步驟（測試與選擇）分開。批判性強的管理者，很容易對每個新構想，都提出一長串反對的理由。團隊領導必須不斷提醒成員，以後還有很多機會可以提出質疑，現在應暫停批判。如果還有人繼續批評，領導者應該要求他把想法重新定義為一個條件，留待下一步討論時再提出。例如，把「顧客永遠不會接受差別定價」這個反對意見，改成：「這個可能性，需要顧客接受差別定價」。

特別重要的是，領導者不能太早淘汰任何可能性。否則此例一開，所有的可能性都可能提早被淘汰。此外，淘汰某位團隊成員強烈認同的選項，也可能導致他不再參與討論。

有些管理團隊會趁著公司在外地辦活動時，舉辦腦力激盪會議，試圖一次就想出所有的策略可能性。這種腦力激盪會議有時確實有效，尤其是在不常去的地點舉行時，可以讓成員抽離慣常的套路及思維習慣。但我也看過一些團隊把發想策略可能性的流程拉長時間，讓成員有機會深思、發想創意及精進原來的構想。我認為最有效的做法，是一開始先讓每個人花三十到四十五分鐘簡單勾勒出三到五個（或更多）故事。這些故事只要概述，不需要講得很詳細。等每個成員各自列舉故事後，團隊或各小組再一起為這些策略可能性增添細節。

在討論策略可能性時，創意發想很重要。想要提高創意，我發現以下三種技巧很實用。首先，是**由內而外**，從公司內擁有的資產和能力開始，往外推理，例如：公司特別擅長做什麼？哪些產品受到部分市場所重視、且讓買家覺得物超所值？其次，是**由外而內**，從外在市場的缺口出發，看看公司內部有什麼機會，例如：哪些需求尚未得到充分滿足？顧客覺得哪

＊編按：自我審查是指因害怕承擔後果，而審查、刪改或禁止本人或小組發表理應公開說明的資訊及言論。

些需求難以表達？競爭對手留下什麼空缺尚未填補？第三，**從很遠的外部往內部**，也就是類比推理，例如：要怎麼做才能成為這個市場的Google、蘋果，或沃爾瑪？

只要以下這兩件事成立，你就知道已經找到一組不錯的策略可能性，可以進一步討論了。第一，維持現狀不是好主意，至少有另一個可能性讓團隊願意質疑現狀。第二，至少有一種不維持現狀的可能性，讓多數成員感到不安，質疑它是否可行。如果以上任一種情況不成立，那意味著你可能需要再做一次腦力激盪，產生新一輪的策略可能性。

以寶僑為例，令他們不安的策略可能性，是前述的第四選項。這需要把一個較弱的低檔品牌改造成更熱門的品牌，以便和百貨公司的高檔產品競爭；接著，還要創造一個全新且大眾零售商有意願及熱情去支持的「大眾精品」市場區隔。

第三步：明確列出成功條件

這個步驟的目的，是明確列出每個可能性**必須具備什麼條件**，才算是很棒的選擇。注意，這個步驟不是為了爭論某個條件是否**確實**存在。其用意不在於探索或評估各種可能性背後邏輯的合理性，也不在於考慮可能佐證或無法佐證這些邏輯的數據——這些事情要稍後才談。在這個時點上，任何對證據的考量都只會偏離流程。

這種區別非常重要。討論某個可能性時，如果你把重點放在某些條件**確實存在**，最質疑該可能性的人會猛烈攻擊它，以期把它排除在考慮之外。而提出這個可能性的人則會設法為它辯護，擋開所有攻勢以保護其可行性。於是，大家火氣越來越大，論述越來越極端，關係也因此緊繃，也更無法好好詳述自己的邏輯。

如果對話的焦點，是每一個可能性**必須具備什麼條件**，那麼質疑者可能就會說：「要讓我對這種可能性有信心，就必須先確定消費者會接受這種產品。」這種說法，和「這樣做絕對行不通」有很大的差別。前者有助於讓支持者了解質疑者持保留態度的原因，並想辦法舉證來推翻這些質疑，同時還可以幫質疑者明確指出其懷疑的確切原因，而不是一味否定。

我曾經參與開發了一套流程，可以顯示某個策略可能性必須具備什麼條件，才可能成為有吸引力的策略（參見下文〈評估策略選項的有效性〉）。這些條件分成七類，分別與產業、顧客價值、商業模式及競爭對手有關。在進入以下的兩階段討論以前，管理者應該先清楚列出正在考慮的所有策略可能性。

評估策略選項的有效性

列出所有的選項後，接著要清楚說明每個選項必須具備或創造哪些條件，才能成功落實（**完整架構**參見下圖）。在評估歐蕾的更名與重新定位時，寶僑就是套用這個架構（參見左頁圖：**歐蕾的「大眾精品」選項**）。

歐蕾正在考慮的選項，是為較年輕的客群重新定位歐蕾，提出「對抗七種老化跡象」的主張。這需要與零售商合作，創造「大眾精品」的市場區隔，讓消費者願意在大眾通路購買精品型商品。寶僑認為，要落實這個選項，應具備或創造左頁的所有條件。

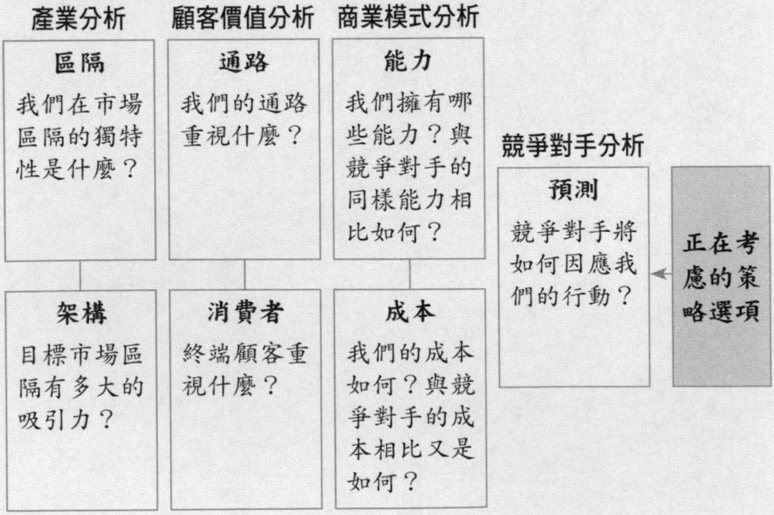

產業分析	顧客價值分析	商業模式分析	競爭對手分析	
區隔 我們在市場區隔的獨特性是什麼？	**通路** 我們的通路重視什麼？	**能力** 我們擁有哪些能力？與競爭對手的同樣能力相比如何？	**預測** 競爭對手將如何因應我們的行動？	← **正在考慮的策略選項**
架構 目標市場區隔有多大的吸引力？	**消費者** 終端顧客重視什麼？	**成本** 我們的成本如何？與競爭對手的成本相比又是如何？		

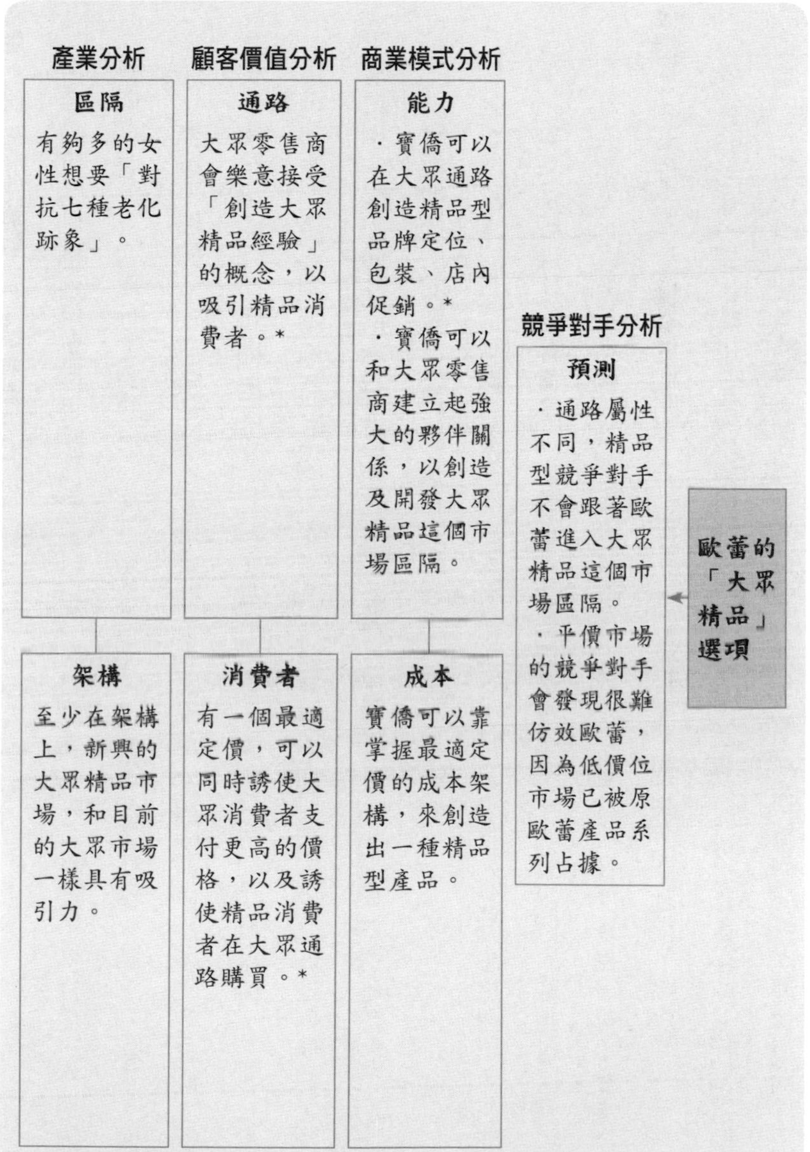

產業分析

區隔

有夠多的女性想要「對抗七種老化跡象」。

架構

至少在架構上，新興的大眾精品市場，和目前的大眾市場一樣具有吸引力。

顧客價值分析

通路

大眾零售商會樂意接受「創造大眾精品經驗」的概念，以吸引精品消費者。*

消費者

有一個最適定價，可以同時誘使大眾消費者支付更高的價格，以及誘使精品消費者在大眾通路購買。*

商業模式分析

能力

- 寶僑可以在大眾通路創造精品型品牌定位、包裝、店內促銷。*
- 寶僑可以和大眾零售商建立起強大的夥伴關係，以創造及開發大眾精品這個市場區隔。

成本

寶僑可以靠掌握最適定價的成本架構，來創造出一種精品型產品。

競爭對手分析

預測

- 通路屬性不同，精品型競爭對手不會跟著歐蕾進入大眾精品這個市場區隔。
- 平價市場的競爭對手會發現很難仿效歐蕾，因為低價位市場已被原歐蕾產品系列占據。

歐蕾的「大眾精品」選項

*障礙條件：寶僑認為最不可能成立的條件。

產生一份「條件清單」，請大家說清楚

這裡的目的，是列舉每個可能性需要具備的所有條件。唯有具備一切條件，在場的每個人才能真心地說：「我有足夠的信心落實這種可能性。」這些條件應以陳述句表達，而不是以條件句表達。例如，「通路夥伴會支持我們」，而不是「通路夥伴必須支持我們才行」。陳述句是描繪可能性的正面情況，一旦條件真的成立，就會吸引整個團隊的支持。

你絕對不能讓提議某種可能性的人來主宰討論過程，而且被提出來的任何條件，都應該加到清單中。提出條件的人也應該扼要解釋，為什麼需要加入這個條件後他才有信心。任何人都不該質疑他提出的條件是否確實存在。

等到每個團隊成員都有機會把條件加入清單後，主持人應該大聲的念出清單，並問團隊成員：「**如果這些條件都齊備了，你們會支持這個選擇嗎？**」如果每個人都說會，就可以進入下一步。如果有成員說不會，主持人應該接著問他：「**還需要什麼條件，你才會支持這個選擇？**」主持人應該持續這樣問下去，直到每個成員都支持該選擇為止。

同樣的，在這個步驟中，應該嚴格禁止成員評論那些條件是否確實存在。因為這個階段的重點，是要找出某個策略可能性**必須具備哪些條件**，才能讓每個成員在理性與感性上都接

受考慮中的每種可能性。

以這種方式來處理目前的策略也十分重要。我記得多年前，有一次討論到「維持現狀」這個選項，討論快結束時，總裁突然從座位上跳起來衝向門外。十分鐘後，當他回來時，同事問他怎麼回事。他解釋，這次的討論讓他看清了現狀的邏輯有多薄弱，而他之所以衝出去，是為了趕快取消一項支持現狀、金額高達數百萬美元的計畫，因為批准或駁回的最後期限，正好是當天。

接著，刪減這份條件清單

產生上面這份清單時，我們常會列出過多的條件，把「必須具備」和「可有可無」的條件都列進來。所以接下來，列完條件後，團隊應該先休息一下，接著逐一檢討每項條件，問問自己：「如果除了這個條件以外的其他條件都成立，你會淘汰這個策略可能性嗎？還是認為它依然可行？」如果答案是前者，那表示這是「必要」條件，應該留下來。如果答案是後者，就表示這個條件「可有可無」，應該刪除。

這個階段的目標，是確保條件清單真的有約束力。為此，清單審查完後，你應該追問：

「如果這些條件都具備，你會主張及支持這個選項嗎？」如果有任何成員說不，那麼整個團隊應該回到上一階段的討論，並加進最初遭到忽視或剛剛誤刪的必要條件。

在得出一整組策略可能性，並確保每個可能性都列出所有「必要」條件以後，團隊應該把這些選項，提交給負責批准以便做最後選擇的高階管理者，也要提交給可能出面反對的其他同事。針對每種可能性，團隊必須把之前詢問成員的同樣問題，拿來問這些人：「如果這些條件證實成立，你會選擇這種可能性嗎？如果不會選擇，你會加進哪些額外的條件？」這麼做的目的，是在展開分析**以前**，確保那些有發言權的人都覺得，每種可能性的必備條件都明確闡述了。

第四步：鼓勵團隊，開放心胸地找出「障礙」

現在，終於輪到以批判的眼光去檢視每一個條件的時候了。接下來團隊的任務，是評估你們覺得哪個條件最不可能成立，並將此定義為選擇該可能性的障礙。

一開始，你可以先請團隊成員想像一下：如果他們可以買到一種保證書，保證某個條件一定成立，那麼他們會把保證書用在哪一個條件上？通常他們選出來的，就是此一策略可能會遇到的最大障礙。他們想要套用保證書的第二個條件，就是第二大障礙，依此類推。最後理想的結果是，針對每種策略可能性，你們會成功將障礙依難易度排序列出。通常，其中會有兩、三個障礙是團隊真正擔憂的。如果對某些條件的排序有歧見，應該把這幾個條件並列在一起。

特別注意那種對某個條件成立抱持最懷疑態度的成員，這個人往往就是選擇及執行某個選項（策略可能性）的最大阻礙。如果該策略可能性真的有問題，他就是一個極其寶貴的阻礙。

你應該鼓勵、而不是壓抑團隊成員提出他們的擔憂。即使只有一個人擔憂某個條件，也必須把那個條件留在清單上。否則，他將有權拒絕接受最後的結果。如果每一位成員的質疑都被認真看待，所有人才會對整個流程與結果有信心。

當寶僑的美容保養團隊，逐一審查了他們為歐蕾「大眾精品」這個可能性所提出的九個條件時，他們對以下六個條件有信心：潛在的消費區隔夠大，值得鎖定；至少在架構上，這個區隔和目前的大眾市場護膚區隔一樣有吸引力；寶僑可以用較低的成本來生產，所以定價可以稍低於主要的低檔精品業者；如果零售商喜歡這個概念的話，寶僑有能力和零售商建立夥伴關係；精品型競爭對手無法複製這個策略；而大眾產品競爭對手也無法模仿這個策略。

剩下的另外三個條件，是團隊感到擔憂的，其障礙強度由高而低依序是：大眾通路的消費者會接受明顯較高的新起始價位；大眾通路業者願意創造一個新的大眾精品區隔；以及寶僑可以在大眾零售通路中整合精品型的品牌定位、產品包裝和店內促銷等元素。

第五步：設計測試的方法

找到關鍵的障礙條件並排好難易順序後，接下來，團隊必須測試每一條障礙，判斷它是否成立。

測試可能需要調查上千名顧客，或與某個供應商談談。測試也可能需要運算許多數字，或根本不需要使用到任何量詞。唯一的要求，是整個團隊都相信測試是有效的，而且測試結果可以作為淘汰或接受某種可能性的依據。

最懷疑某個條件的成員，應該帶頭設計及使用測試方法。他通常有最高的測試標準，如果他覺得某條件通過測試，其他人應該也會滿意。當然，這樣做的風險，在於懷疑者可能會設定一個達不到的標準。但實務上，這種情況不會發生，理由有兩個。

首先，人們之所以提出極度的懷疑，很大程度是因為覺得自己的意見受到忽視。在典型的認同過程中，成員表達的關切，常常被視為應該盡快移除的障礙。這種以可能性為基礎的方法，則確保了有疑慮的人不僅感受到自己的意見有人聽，實際上大家也真的聽進了他的意見了。

第二個理由，是害怕發生「兩敗俱傷」的結果。比方說，我很懷疑策略可能性A，但相當喜歡策略可能性B；相反的，你對A幾乎沒有疑慮，但對B充滿了疑慮。因此我負責設計A的障礙條件測試，也知道你會設計B的障礙條件測試。如果我把門檻設得太高，你肯定也會跟著提高門檻。所以，公平與講理才是最明智的做法。

第六步：障礙真的是「障礙」嗎？

我常建議大家根據我所謂的「懶人選擇法」來設計這一步，也就是按照團隊對各條件的信心程度，由低到高進行測試。換句話說，先測試團隊覺得最不可能成立的條件。

如果團隊的懷疑是對的，該可能性就可以盡快刪除，不必再進一步測試。如果最不可能的條件通過測試，接著測試第二不可能的條件，依此類推。由於測試通常是整個流程中最昂貴也最耗時的部分，這種懶人法可以節省很多資源。

在這個步驟，通常會找策略團隊外部的人來幫忙——相關職能或地域單位的顧問或專家，他們可以幫忙微調及執行你按優先順序排列的測試。有一點很重要，你應該確保他們只做測試，不要請他們重新檢視各種條件。事實上，這種以可能性為基礎的方法有一個優點：它讓你可以把昂貴又耗時的外部資源投注在焦點上。

這個方法與多數策略顧問採用的流程大不相同。大多數的策略顧問會同時進行一套比較制式的分析，這會產生大量昂貴的分析報告，其中許多報告其實對決策並非必要，甚至毫無助益。此外，策略顧問很容易為了追求廣度而犧牲深度，以至於分析結果雖廣但淺薄，因為全面深入分析的成本非常高昂。為了產生選項及獲得接納，管理者需要的是窄而深入的分析，亦即鎖定那些可能導致團隊淘汰某個選項的疑慮，然後徹底探討，以達到團隊制定的證明標準。以可能性為基礎的方法可以做到這樣。

對寶僑的美容保養團隊來說，歐蕾要走大眾精品路線，最具挑戰性的條件在於定價。這個條件的測試過程顯示出，一個真正科學化、假設導向的方法，可以產生出乎意料又成功的策略。

歐蕾的研發經理喬．李斯特洛（Joe Listro）說明定價測試過程：「我們以一二．九九到一八．九九美元的溢價點，來測試歐蕾的新產品，得到了非常不一樣的結果。一二．九九美元的售價，獲得了正面回應，購買意願相當高，但表示有意願以一二．九九美元購買的人，大都是大眾通路的消費者，極少有百貨公司的消費者對這個價位有興趣。基本上，我們是在原通路內，促使消費者換購價格較高的產品。相反的，一五．九九美元的價位，購買意願大幅下降。到了一八．九九美元的價位，購買意願再度回升，而且是大幅回升。所以，一二．九九美元的價位確實不錯，一五．九九美元的價位行不通，而一八．九九美元的價位很棒。」

寶僑的團隊從測試中得知，一八．九九美元的價位可以打動精品百貨及專賣店的消費者，讓她們願意踏進平價藥妝店及超市購買歐蕾。該價位傳達了正確的訊息：對百貨公司的購物者來說，這個產品物超所值，但貴得合理；對大眾通路的購物者來說，高價意味著產品一定比架上的其他商品要好。相較之下，一五．九九美元則乏人問津——大眾通路的購物者覺得商品貴又沒有差異化，而精品購物者則覺得不夠貴。這些差異很細微，如果寶僑團隊沒有細心地建立完善的測試並測試多個價位，可能永遠都不會發現這些差異。

切記，測試不能消除所有的不確定性。即使是測試結果最好的可能性選項，也有一些風險。這也是為什麼現狀制定可測試的條件會如此重要：團隊可以清楚看到，現狀並非毫無風險。團隊不是拿測試結果最好的可能性選項和不存在的無風險選項比較，而是和有風險的現狀比較，並在那種情境下做出決定。

第七步：做出正確選擇，而不是官大學問大

採用傳統的策略制定法，最後在挑選策略時可能會很困難和激烈。決策者通常會到公司外面開會，試圖把他們討論已久的大量市調塑造成策略選項。由於事關重大，每個選項的邏輯又從未清楚闡述，這一類的會議最後往往變成位高權重的高管之間，以自己先入為主的強烈概念互相協商告終。會議結束後，那些質疑最後決定的人就會開始扯後腿。

相反的，採用以可能性為基礎的方法，到了選擇策略這一步會變得很簡單。團隊只需要

檢討及分析測試的結果，選出嚴重障礙最少的那個可能性就行了。

透過上述方法所選出的策略，往往出奇地大膽，而且是傳統方法很可能一開始就淘汰的選項。

以歐蕾為例，寶僑最後決定推出一種名為歐蕾多元修復霜（Olay Total Effects）的高檔產品，售價一八．九九美元。換句話說，這個曾被戲稱為「老婦人保養油」（Oil for Old Ladies）的品牌改造成功，以接近百貨公司品牌的價位，搖身變成類似精品的產品線。而且，這個策略奏效了。大眾零售夥伴喜歡這款產品，也看到新顧客在他們的零售店裡以新價位購買。美容雜誌與皮膚科醫生也認為，這種價格合理又有效的產品線物有所值。

大眾精品策略，後來超乎預期的成功。本來寶僑認為，這種全球性的護膚品牌可以創造十億美元營收就很好了，但沒想到不到十年，歐蕾品牌的年營業額就超過了二十五億美元，並發展出一系列的「精品」產品線——從「多元修復霜」開始，接著陸續推出「新生煥膚」（Regenerist）、「焦點亮白」（Definity）、「X精華」（Pro-X）來吸引更多的精品購物者，而且最終把價位推升到五十美元。

管理者心法：三個關鍵改變

以可能性為基礎的方法，條列後看起來很有條理，似乎很簡單。但許多管理者還是掌握不到訣竅——不是因為這個機制很難，而是因為這種方法至少需要在心態上做三個根本性的改變。

第一，在前面幾個步驟中，他們必須避免問：「我們該做什麼？」而是問：「我們能做什麼？」管理者，尤其是那些以作風果斷自豪的管理者，很自然會直接問前面那個問題，而在處理後面的問題時卻顯得坐立不安。

第二，中間的那幾個步驟，管理者不該問：「我相信什麼？」而是要問：「我必須相信什麼？」這需要管理者把每種可能性（包括他不喜歡的選項）都想像成很棒的主意，但大部分的人不是天生就有這種心態。不過，我們確實需要這種心態，才能找出測試某種可能性的正確方法。

最後，以可能性為基礎的方法，會讓團隊把焦點放在重要的條件及測試上，藉此迫使管理者不再問：「什麼是正確答案？」而是專注於：「正確的問題有哪些？為了做出好決策，我們必須知道什麼？」根據我們的經驗，大多數的管理者更善於主張而不是探究自己的觀點，尤其是探究別人的觀點。以可能性為基礎的方法則是強調及培養團隊的探究能力，而真正的探究才是任何科學化過程的核心。

＊本章改寫自萊夫利、馬丁、詹恩．瑞夫金（Jan W. Rivkin）及尼可拉吉．席格高（Nicolaj Sigelkow）聯合發表於《哈佛商業評論》的〈把策略藝術變科學〉（Bringing Science to the Art of Strategy）一文，二〇一二年九月／十月號。

第5堂 資料與大數據

解讀大數據，需要多一點想像力。

經營管理的背後有一個信念：商業上的決策，必須基於嚴謹的資料分析。近年來大數據的爆炸性成長，更強化了這個信念。安永（EY）聯合會計師事務所發表的一項調查顯示，八一％的高階管理者表示，他們相信「資料分析應該是所有決策的核心」。安永宣稱：「大數據可以消除大家對『直覺式』決策的依賴。」

很多經營者都覺得這個概念很有道理，這些經營者要嘛有應用科學的背景，要嘛很可能有MBA（企管碩士）學位。美國工程師佛德烈・溫斯洛・泰勒（Frederick Winslow Taylor）提出「科學管理」理論的時間，就是在MBA學位誕生的二十世紀初期。

今天，企業界充斥著MBA課程所培養出來

的畢業生，光是美國，每年就培養出十五萬名以上的企管碩士。過去六十年來，MBA課程一直試圖把管理變成一門硬科學。這些努力很大程度上，是為了回應一九五九年福特基金會（Ford Foundation）與卡內基基金會（Carnegie Foundation）針對美國商管教育所發表的報告。寫這些報告的作者（清一色是經濟學家）認為，當時的商管課程充滿了不合格的學生。當經濟學等其他社會科學積極擁抱硬科學時，商管課程的教授卻抵制硬科學的嚴謹方法。總之，他們認為商管教育不夠科學。於是福特基金會出錢創辦學術期刊，並資助哈佛商學院、卡內基理工學院（卡內基梅隆大學的前身）、哥倫比亞大學及芝加哥大學等學校設立博士課程。

問題是，鐘擺會不會往這個方向擺太遠了？管理決策真的可以簡化為資料分析嗎？

我認為不行，這也讓我想到一個關於資料分析的重要真理：**資料很重要沒錯，但經營者更需要的是想像力**。

管理，是一門科學嗎？

我們所熟知的科學，始於古希臘哲學家亞里斯多德。他是柏拉圖的學生，是第一個撰寫因果關係及證明因果方法論的人。這使得「證明」（或證據）成了科學的目標及「真理」的最終標準。因此，亞里斯多德是科學探索方法的始祖，後來經過伽利略、培根、笛卡兒、牛頓等人之手在兩千年後正式成為「科學方法」。

科學對人類社會的影響深遠。啟蒙運動的那些科學發現——根植於亞里斯多德的方法論——促成了工業革命，以及隨之而來的全球經濟進步。科學解決了問題，使世界變得更美好。難怪我們把愛因斯坦等偉大科學家視為近代的聖人，並逐漸把科學方法視為其他探究形式的模板。此外，我們還把社會學稱為「社會科學」，而不是「社會研究」。

但亞里斯多德可能會質疑，我們會不會把科學方法套用得太廣了？亞里斯多德定義他的方法時，明確設定了適用範圍：用來理解「恆定」的自然現象。也就是為什麼太陽天天升起？為什麼月亮有圓缺？為什麼物體一定會落地？這些現象都無法人為控制，而科學，就是在研究這些現象何以會發生。

然而，亞里斯多德從未宣稱，一切現象都是必然的，都適用他的方法。相反的，他相信自由意志及人類的能力，可以做出徹底改變未來的選擇。換句話說，人類可以在這個世界上，為許多非恆定的事物做選擇。亞里斯多德寫道：「我們所做的決定，以及我們所探究的大多數事物，為我們提供了多種不同的可能性……我們所有的行動，都具有不確定性的特質，幾乎沒有任何行動是絕對必然的。」

他認為，這些可能性不是由科學分析促成，而是由人類的發明與說服驅動的。商業的策略與創新的決策，更是如此。僅靠分析歷史，你無法規畫未來的走向或推動變革。**如果某項產品是基於分析顧客過去的行為而設計出來，那麼企業永遠都無法轉變顧客的行為**。

轉變顧客的習慣與體驗，需要靠卓越的商業創新。就像蘋果電腦的兩個創辦人史蒂夫·賈伯斯（Steve Jobs）、史蒂夫·沃茲尼克（Steve Wozniak）和其他的電腦先驅，創造出一種全新的裝置，徹底顛覆人們互動及做生意的方式。鐵路、汽車和電話，也都帶來極大的行為改變與社會變遷，這些都是分析**過去的**資料所無法預測的。**成功**把科學上的發現融入產品的那些創新者，他們真正天才的地方，在於有能力想像出前所未有的產品或流程。

我們所生活的現實世界，不僅僅是科學鐵律決定的結果。盲目擁抱科學方法，就會扼殺真正創新的可能性。以純科學的方法做商業決策，將會帶來嚴重的局限性，管理者應該找出這些局限。

可變，還是不可變？

在大多數情況下，管理上都有一些你可以改變與不可改變的元素，關鍵就在於，你是否具備分辨這兩者的能力。

你需要問的問題是：這個情況是由可能性（可以改變的事）主導，還是由必然性（不可改變的元素）主導？

舉個例子來說，假設你打算建立一條生產塑膠瓶裝礦泉水的裝瓶線，標準做法是取出「瓶胚」（縮小的厚塑膠管）、加熱、用氣壓吹成完整的瓶子、冷卻變硬，最後裝水。全世界有數千條裝瓶線都是這樣設計的。

裝瓶線上，有些元素是不可改變的。例如，拉伸瓶胚的溫度、吹瓶的氣壓大小、瓶子冷卻的速度、裝水的速度等等。這些都是由熱力學與萬有引力的定律所決定的，高階管理者無法改變這些定律。

然而，其中還是有很多高階管理者可以改變的元素。例如，研發塑膠容器專利技術的LiquiForm 公司在提出以下問題後，就證明了這點：「為什麼我們不能把兩個步驟合併為一個，利用裝填液體的壓力來吹瓶，而不是用氣壓呢？」後來證明，這個構想完全可行。

高階管理者必須把每一個決策情境，拆分成兩個部分：**不可變**和**可變**，然後測試它們。如果有人說那是因為某個元素無法改變，高階管理者就應該追問，是根據哪條自然定律？如果**不可變**的理由是令人信服的，最好的答案，就是採用可優化現狀的方法。在這種情況下，應該讓科學做主，並運用資料與分析工具來做選擇。

同樣的，高階管理者也需要測試**可變**元素背後的邏輯：為什麼這些行為或結果可能與過去不同？如果支持的理由足夠充分，就讓設計與想像力做主，並使用分析工具來輔助。

女孩比較不愛玩樂高，誰說的？

我們必須認清的一點是：**再怎麼充分的資料，也無法充分證明結果是不可變的**。事實上，許多獲利很好的商業行動，都源自於顛覆既有證據。

樂高集團的董事長喬丹．維格．納斯托普（Jørgen Vig Knudstorp），就是很好的例子。二〇〇八年他擔任樂高執行長時，公司的數據顯示，女孩對樂高積木的興趣遠低於男孩：八五%的樂高玩家是男孩。公司每次試圖吸引更多女孩來玩樂高，都以失敗收場。所以，公司裡有許多管理者認為，女孩天生就比較不愛玩積木，他們認為這是**不可變**的情況。

但納斯托普不這麼想，他認為問題在於樂高還沒找到吸引女孩玩樂高的方法。二〇一二年，「樂高好朋友」（Lego Friends）產品線的成功上市，證明他的直覺是正確的。

樂高的故事告訴我們：**資料，只不過是證據罷了，它究竟證明了什麼，不見得是顯而易見的**。真正嚴謹的思考者，不僅會思考資料要說什麼，也會思考在可能性範圍內還會發生什麼。這需要發揮想像力，而想像力與分析，是截然不同的過程。

此外，**可變**與不可變之間的界線，比多數人所想的還要有彈性。創新者會比大多數人更努力去突破這條界線，挑戰所謂的「**不可變**」。

小心「現狀陷阱」，回到原點有時候可能更糟

想像新的可能性，首先需要突破框架。因為我們往往會把「維持現狀」，視為解決問題的唯一出路。

最近我為一家顧問公司提供諮詢時，就遇到了一個這樣的「現狀陷阱」好例子。這家顧問公司的客戶，是一個非營利組織，正面臨「飢餓循環」（starvation cycle）的窘境*，他們在特定項目的直接成本方面獲得大筆捐獻，但間接成本卻很難獲得資助。例如，某家大型慈善機構推出的拉丁美洲女孩教育計畫非常成功，他們把該計畫擴展到撒哈拉以南的非洲，並獲得充分的資助。可是相關的營運費用，以及最初開發該計畫的成本，只有一小部分獲得資助。這是因為捐款人往往會將間接成本的捐助比率設得很低——通常只同意讓慈善機構把捐款的一〇％到一五％用於間接成本，即使間接成本占多數計畫總成本的比率往往高達四〇％至六〇％。

這家顧問公司並沒有質疑這個問題的框架，相反的，他們認為非營利組織的挑戰，在於設法說服捐款人提高分配給間接成本的捐款比率。他們認為，「捐款人普遍把間接成本視為必要之惡，會吃掉最終受益人原本可獲得的資源」。

我請顧問公司合夥人去說服捐款者提高撥款給間接成本的比率之前，先了解一下這個想法是否屬實（測試的方法是去聽取捐款者對成本的看法）。聽完捐款者們的想法後，合夥人非常意外。事實上，捐款人並不是對「飢餓循環」視而不見，他們也不想看到這個現象。問題在於：他們不信任捐款對象會妥善管理間接成本。

當合夥人發現這一點後，很快就提出多種流程導向的解決方案，來幫非營利機構培養成本管理的能力以及獲得捐款人的信任。

雖然聽取利害關係人的想法，設身處地為他們著想，看起來可能不像分析正式調查來的資料那麼嚴謹或有系統，但這其實是收集見解的可靠方法。人類學家、人文學家、社會學家、心理學家及其他社會學家，都很熟悉這套方法。許多企業領導人，尤其是那些把設計思維和使用者導向的諸多方法應用在創新活動上的領導人，都體認到觀察式的質性研究，對於理解人類行為的重要性。例如在樂高，納斯托普一開始對性別假設的質疑，啟動了長達四年的民族誌研究（ethnographic research），結果發現女孩比男孩對合作型遊戲更感興趣，這顯示合作型的拼砌玩具可能會吸引她們。

＊編按：「非營利組織飢餓循環」是指捐款人對於非營利組織所需的成本有誤解，迫使非營利組織刪減後勤行政支出及低報支出來回應，但此舉也讓捐款人認為先前的質疑沒有錯而更加不樂意捐款，於是非營利組織逐漸陷入投資不足的飢餓窘境。

不過，儘管民族誌研究是一種強大的工具，卻只是新框架的起點。你終究必須開創出其他的可能性，並說服大家認同你的願景。為此，你必須創造新的敘事，來取代舊框架。編故事的流程，其原則與自然科學的原則截然不同。自然科學解釋的是世界的既有現象，而故事卻可以描寫一個還不存在的世界。

建構有說服力的敘事

提出科學方法的哲學家亞里斯多德，在《修辭學》（*The Art of Rhetoric*）中說明說服力有賴三要素：

- 以德服人（Ethos）：改變現狀的意志與品格。敘事若要發揮效用，敘事者必須要有可信度與真實性。
- 以理服人（Logos）：論證的邏輯架構。這必須提出一個嚴謹的論點，把問題轉化為可能性，把可能性轉化為構想，再把構想轉化為行動。
- 以情服人（Pathos）：發揮同理心的能力。為了激發大規模的行動，敘事者必須了解受眾。

以兩家大型保險公司、一起價值數十億美元的合併案為例，這兩家公司是多年的競爭對手，在這樁合併案中，有贏家也有輸家，各層級的員工都感到焦慮不安。更麻煩的是，兩家公司以前都是靠收購發展起來的，所以這樁合併案其實要融合的是二、三十種不同的企業文化。這些較小的既有團體，過去一直是獨立運作，抗拒任何以「創造綜效」為理由而要把他們整合起來的規定。更慘的是，兩家保險公司合併後不久就爆發全球金融危機，導致該產業的規模萎縮八%。因此，合併後的企業領導人面臨著雙重挑戰：市場衰退，以及充滿疑慮的組織文化。

一般來說，合併後的整合方式通常是精簡化：分析兩個組織的成本結構，接著裁撤「冗員」，把兩者結合成一個較小的單位。然而，公司合併後的管理者不想這麼做，他想從頭打造一個新組織。於是，他闡述一個比一般的併購整合更大更好的目標，藉此以「德」服人。當然，他也需要以「理」服人——為不一樣的未來，提出一個強大又有說服力的論述。

這位管理者拿城市作比喻，他說，一個新組織就像一座城市，是一個多元的生態系統，會同時以有規畫及無規畫的方式成長。城市裡每一個人，不僅是成長的一部分，也會對城市有所貢獻。這個比喻激發了員工的想像力，讓他們願意投入這項任務，並為自己及所屬的組織單位想像各種可能性。

此外，領導者也要以「情」服人——建立情感聯繫，讓員工共同致力於打造這個新未來。為了號召員工支持，領導團隊採取全新的溝通方式。一般來說，高階管理者是透過全員會議、簡報、電子郵件來傳達併購後的整合計畫，這些溝通方式是以員工為訊息的接收端。

然而，這個領導團隊沒有這樣做。他們舉辦一系列的合作會議，讓公司內部各部門就繁榮城市的這個比喻來展開對話，並用該比喻來探索要面對的挑戰，以及設計所屬領域的工作。在這座繁榮城市中，理賠部門會有什麼不同？財務部門又會變成什麼樣子？實際上，員工等於是在領導人建構的大敘事中，去創造自己的微型敘事。採用這種方法需要勇氣，因為對一個保守產業的龐大組織來說，這很不尋常，也有點兒戲。

最後，這個方法獲得極大的成效。六個月內，員工敬業指數從原本低落的四八%，一舉飆升至驚人的九〇%。員工的認真投入也轉化為績效，在產業萎縮之際，這家公司的業績卻逆勢成長八%，客戶滿意度也從平均六分上升到九分（滿分為十分）。

這個實際的例子說明另一種修辭工具的重要性：一個強而有力的比喻，能夠一語道盡個中精華。精心設計的比喻，可以強化說服力的這三大要素，它使邏輯論述更有說服力，以理服人；接著把受眾與論述連在一起，以情服人；最後，一個更有說服力又動人的論述，提升了領導者的道德權威感與可信度，讓他以德服人。

最厲害的管理者，都精通「比喻」

我們都知道，精采的故事有賴強大的比喻來支撐。亞里斯多德也說過：「平凡無奇的言語，只能傳達已知的事物；唯有透過比喻，才能傳達新鮮事。」事實上，他認為，熟練地運用比喻是精通修辭的關鍵，他寫道：「精通比喻可說是最棒的才華……是天才的表徵。」

或許諷刺的是，這個非科學概念的主張，竟然在科學上獲得了驗證。認知科學的研究已證實，創意合成（creative synthesis）的核心動力是「聯想流暢度」（associative fluency），也就是連結兩個通常不相關的概念，並把兩者融合成一個新概念的心智能力。組成的概念越多元，創意聯想越強大，融合的新概念就越新奇。

你可以用新比喻，去比較兩個通常不相關的事物。例如，哈姆雷特對老同學及監視者羅森克蘭茲說「丹麥是一座監獄」時，他是以一種不尋常的方式把兩個元素連結在一起。羅森克蘭茲知道「丹麥」是指什麼，也知道「監獄」是什麼意思，但哈姆雷特給他的是一個全新的概念，那既不是他所知的丹麥，也不是他所知的監獄。這個第三元素，就是由不尋常的組合所產生的新奇想法或創意合成。

把不相關的概念聯繫在一起時，往往會產生產品創新。發明家塞繆爾．柯特（Samuel Colt）年輕時跑船，對舵輪及其旋轉或靠保險栓鎖定的方式深感興趣，所以後來發明了手槍的旋轉彈匣。一位瑞士工程師在山區健行時，發現沾黏在衣服上的毛刺特別有黏性，由此受到啟發而發明了魔鬼氈。

比喻也有助於消費者了解及採用創新。例如，汽車最早被描述為「沒有馬的馬車」、機車被稱為「裝有馬達的自行車」、滑雪板直接被叫作「滑雪用的滑板」。智慧型手機如今成為無處不在的基本配備，促成這個演進的第一步，是一九九九年黑莓公司推出的黑莓機 850，當時公司把它定位為可以收發電子郵件的呼叫器，這對新手用戶來說，是一種令人感到安心的比喻。

相反的，賽格威（Segway）的失敗則顯示，少了貼切的比喻，要設計出一個有說服力的故事會困難很多。這台機器是由超級發明家狄恩・卡門（Dean Kamen）開發的，還被吹捧為下一個驚人的突破，並獲得數億美元的創投資金。雖然它巧妙地運用了先進科技，但幾乎沒有人使用。

賽格威產品的失敗有很多合理的解釋，例如價位太高、法規限制，但我們認為關鍵原因在於：賽格威完全沒有可類比的東西。它是一個有輪子的小平台，你可以站在上面；它前進時，你幾乎不動。人們無法與之產生共鳴，畢竟你無法像汽車那樣坐著，無法像自行車那樣踩踏板，也無法像騎機車那樣用手柄操控。想想你上次看到有人用賽格威的情形，你可能覺得他站在這個奇特的裝置上，看起來像滑稽的科技怪客。我們的大腦無法對賽格威產生興趣，是因為找不到可以比擬的正面經驗。我們並不是主張，亞里斯多德式的論點一定要用比喻，只是不用比喻會困難許多。畢竟，「沒有馬的馬車」比賽格威更容易理解及推銷。

在可變與不可變的世界裡「做選擇」

當你需要從幾種可能的選擇中挑一個時，最好是提出三到四個有說服力的敘事，每一個敘事都有一個強大的比喻，接著經由測試，選出最好的那一個來取得共識。那實務上要怎麼做呢？

在**不可變**的世界裡，測試需要取得資料並仔細地分析資料。有時候你只需要查資料就行，例如去查勞工統計局（Bureau of Labor Statistics）資料庫中的表格；但有時候你需要花力氣去挖掘——例如透過調查。你可能還需要應用大家普遍接受的統計測試，以判斷收集到的資料能否證明某個論述是對的（例如，消費者比較重視產品的使用壽命，而不是更強的功能）。

但在**可變**的世界裡，我們是想要發明創新，問題在於不存在的東西沒有資料可分析，這表示你必須拿原型來做實驗以創造資料。你必須藉由原型創造資料——提供使用者從未見過的東西，觀察並記錄他們的反應。如果使用者的反應和你預期的不同，你可以深入了解怎麼改進原型。接著一再重複這個過程，直到原型產生的資料證明它是可行的。

當然，有些構想在經過原型測試後，證實很糟糕，這也是為什麼提出多種敘事非常重要。如果你清楚知道每一個敘事要成立需要哪些必要條件，並針對每個敘事做原型測試，共識就會浮現，你會知道哪個敘事實踐起來最有說服力。參與這個流程可以幫團隊做好準備，負責去落實最後選定的敘事。

資料的科學分析，讓世界變得更美好，但這不表示它應該成為每一個商業決策的依據。在不可變的情境中，我們可以（也應該）使用科學方法，以便比競爭對手更快、更徹底地了解這個不可變的世界。但在可變的情境中運用科學時，我們會不自覺地**說服自己相信改變是不可能的，而這只會把機會拱手讓給發明出更好東西的人**，我們只能難以置信地旁觀，並以為那只是一時的反常現象，終究會消失。等我們意識到，那個顛覆者已經向我們以前的顧客證明情況確實可以不一樣時，為時已晚。這就是不分青紅皂白，一味把分析方法套用到整個商業界，而不是只應用在適切領域的代價。

＊本章改寫自馬丁與湯尼．高斯比—史密斯（Tony Golsby-Smith）一起發表於《哈佛商業評論》的〈管理，不只是科學〉（Management Is Much More than a Science）一文，二〇一七年九月／十月號。

第3部 組織任務

第6堂 文化

開會不要用 PowerPoint，資料不要超過三張紙。

把以下這兩位管理大師的看法結合在一起，最能說明企業文化的特徵與重要性：

彼得・杜拉克（Peter Drucker）認為：「文化不管怎麼定義，都極其持久。」（盛傳他還說過：「文化把策略當早餐吃掉了。」意指文化的影響力遠勝於策略。）

麻省理工史隆管理學院教授愛德格・席恩（Edgar Schein）宣稱：「文化決定策略，也限制了策略。」當然，言下之意是，策略若不是以企業文化為基礎，必敗無疑——除非你能改變文化，但改變文化難如登天。

那麼，文化究竟是什麼？為什麼文化那麼持久，對策略限制又那麼大？

文化，就是員工心裡的「那套規則」

與策略一樣，文化的定義很多，在我看來，所謂的文化是**企業員工心裡的一套規則，指導他們如何詮釋各種情況與決策**。文化，可以幫管理者了解「這家公司是如何完成任務的」、「這種情況下，我該做什麼」，以及「我必須注意誰」。構成文化的那些規則，是每個人觀察周遭的人如何反應及詮釋各種情況與決定以後，而逐漸形成的。尤其是觀察那些涉及極端結果，並對相關人員有重大影響的情況與決定，即使這些決定或事件並不尋常。

企業文化的強度，是由員工心裡的「那套規則」有多相似來決定。如果所有員工心中的規則都不一樣，那麼企業文化就會比較薄弱，因此員工對特定情況或決定的詮釋也會各不相同。**當所有人心中都有一套非常相似的規則時，對同一決策或情況有同樣的詮釋與反應，代表著企業文化是強大的**。

當一項新策略，需要改變企業成員的行為與價值觀時，強大的企業文化往往會阻礙這些改變。因為所有員工在因應各種決定與情境時，都會本能地繼續依循心中那套規則的指導。

比方說，如果新策略要求為每個顧客提供客製化服務，但原本的企業文化是要求提供制式服務且不能有任何例外，那麼在這種文化下，顧客會獲得的仍將是制式的服務。

任何方式大幅改變策略方向，不可避免地會涉及一些文化改變，而且要謹記一個關鍵：**唯有先改變人際互動，才能改變文化**。

接下來，我將說明為什麼文化變革只能透過「微介入」來實現。我將說明這些改變是什麼樣子，並顯示它們如何帶來合作模式的根本改變，這將反過來改變以下運作的種種規則：「這裡是如何完成任務的」、「這種情況下，我該做什麼」，以及「我必須注意誰或什麼」。我將以親身使用這種方式來領導文化變革的經驗為例，證明無害的小改變，可以多麼有效地轉變一個組織的文化。

首先我們來看看，文化會如何影響組織行為。

怎樣消除「業務部」與「行銷部」的矛盾？

我對文化變革的思考，植根於組織引導機制（organizational steering mechanisms）的概念。近三十年前，我在《哈佛商業評論》發表的〈改變公司的心態〉（Changing the Mind of the Corporation）中，首次討論了這個概念。有三種引導機制引領及管理公司的營運與行動：

- **正式機制**。包括組織架構、系統及流程，其目的是幫公司達成目標。它們是施加於員工身上那些深思熟慮的決定所得到的結果。例如，公司的呈報結構、薪酬制度及預算流程。
- **人際機制**。這些機制塑造並支配人們面對面的互動方式，是每個人心理狀況的產物，而且因人而異。例如，這個人是比較喜歡公開討論衝突或是忽視衝突？
- **文化機制**。如前所述，這些是大家心裡的共同規則，並根據這套規則來詮釋決定與情況，從而判斷應該如何因應。雖然每個組織都有文化機制，但在大多數情況下，文化機制都是自然形成的，通常沒有檔案紀錄可查。

如左頁圖所示，這三套機制構成一個相互關聯的系統。以獨立的業務部門與行銷部門的典型呈報結構為例，每個部門各向其資深副總裁或執行副總裁彙報，這些副總裁又各自向執行長或營運長彙報。這種結構通常會導致業務與行銷人員之間的人際衝突（箭頭從「正式」指向「人際」）。業務人員抱怨行銷人員的想法不切實際，行銷人員聲稱業務人員只想賣好賣

圖 6-1　三種組織引導機制

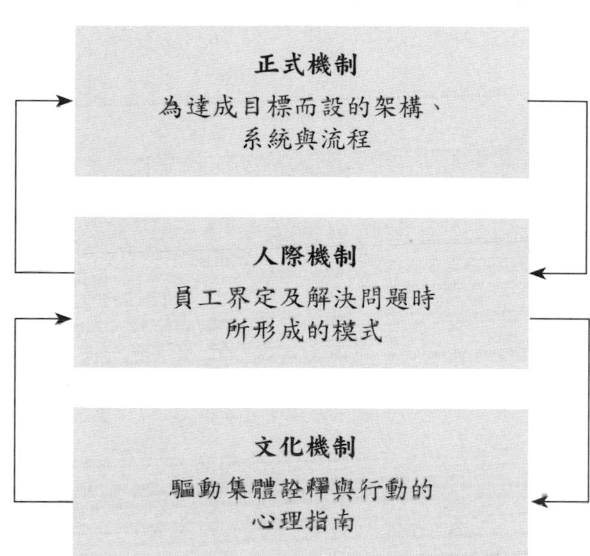

資料來源：我要感謝戴安娜．史密斯（Diana Smith）幫助我了解，引導機制如何像系統那樣運作。她跟我一樣師從管理思想家兼組織學習領域之父克里斯．阿吉瑞斯（Chris Argyris）。

的東西。如果這種衝突升溫，領導者可能會嘗試一個正式的解決方案（箭頭從「人際」指向「正式」），一般做法是把行銷部門和業務部門合併成一個部門。因此，正式機制影響人際機制，而人際機制也影響正式機制。

業務人員與行銷人員之間的人際衝突也會影響文化機制。當行銷人員帶著一個構想去找業務人員時，業務人員心中的規則會顯示：「努力否決那個構想，因為行銷部門對於什麼東西能賣出去，總是很不切實際。」而當新的業務人員到職時，同事也會提醒他要提防行銷人員。這又會影響人際關係，雙方的對話可能變得更加對立，因為文化強化了這種習氣與行為。

因此，引導機制就像一個具有回饋圈的系統，在正式機制與人際機制之間，以及在人際機制與文化機制之間循環運作。隨著時間的流逝及組織的發展，這些機制之間的持續回饋使它們日益增強，導致組織越來越難改變。

因此，任何改變組織的嘗試，都必須先改變這些引導機制。如果執行長**想要推動的策略需要組織變革，最顯而易見的起點，就是改變「正式的」機制**，例如組織架構圖、激勵制度等等。部分原因是這些機制可以輕易掌控，也因為策略方向的改變，可能需要改變決策權與責任的歸屬。由於員工可能很難適應新的正式機制，執行長將會意識到，為了配合新的正式機制，他也必須改變大家對這些新機制的態度（這是由企業文化決定的）。這就是問題的根源，因為你無法直接改變文化來配合組織變革。

失敗的文化：Nokia 三千億美元的教訓！

企業文化有點像大腦中的神經網絡，產生自環境（正式機制）與個人行為（人際機制）

之間的相互作用。正因如此，想要直接改變企業文化，幾乎是不可能成功的，而嘗試這種做法的執行長，最後往往只能黯然下台。

卡米洛．佩恩（Camillo Pane）就是一個很好的例子。二〇一六年，他接任科蒂公司（Coty Inc.）執行長時曾公開表示，這家營運困難的香水與化妝品巨擘需要開始「像新創企業一樣運作」，並抱持「挑戰者的心態」。雖然話說得很好聽，但佩恩接任執行長後的兩年間，不管是科蒂的文化或績效都沒有任何改變，他於二〇一八年十一月下台。

要呼應正式機制的改變，企業文化必須改變成員之間的互動方式。例如，如果一個組織試圖把業務部門與行銷部門合併，除非改變他們的互動規範與態度（亦即文化機制），才有可能讓他們更加合作，否則這種正式機制的改變，只會增加業務人員與行銷人員之間的人際猜疑。人際動態的回饋及現有的文化規範會結合起來，導致新的組織架構無法運作，最後公司將被迫放棄改變的心血。

諾基亞（Nokia）的文化變革失敗，就是一個典型的例子。

二〇〇〇年代初期，諾基亞是全球最大的手機供應商，市占率是第二大業者的兩倍多。但隨著智慧型手機的問世，黑莓機改變了遊戲規則，諾基亞的執行長約瑪．奧利拉（Jorma

Ollila）知道，他的公司需要變得更有冒險進取的精神，才能在即將到來的風暴中蓬勃發展，因為其他大公司勢必會進來這個市場（蘋果、Google、三星絕對會加入）。

他的因應方式，是在二〇〇四年推動一次重大的重組。他原本以為，只要有正確的結構與激勵，個人行為就會改變，而新的企業文化將會出現。

然而，諾基亞的員工還是持續以他們一貫遵循的規則行事及互動，他們的直屬上司也依循相同的文化規則，並據此來解讀行為及與員工互動。舉例來說，諾基亞害怕失敗的企業文化，意味著花錢做無效的實驗會遭到數落，導致員工都不願冒險，不利於創造出冒險進取的企業文化。

奧利拉在自傳中坦言：「我們早在二〇〇四年就看到問題的嚴重性，但我們的錯誤在於沒有馬上採取行動。」

諾基亞的手機事業一度價值高達三千億美元，二〇一三年以七十二億美元的價格出售給微軟；微軟又於二〇一六年以三．五億美元的價格，把它拋售給諾基亞的前員工。這，就是無法扭轉企業文化所付出的代價。那麼，執行長應該怎麼做呢？

如何讓組織裡「夠多的人」改變行為

諾基亞的經驗，帶給我們一個重要的啟示：**人際交流，是讓文化機制與正式機制配合的關鍵**。唯有「夠多的人」開始改變行為，並把新的規範加以內化，文化才會改變。

這些變化看似很小，但在一些簡單的事情上——例如讓參加腦力激盪會議的人圍坐在圓桌一圈，而不是坐在方型的長桌邊——這種小改變就足以對大家的發言意願產生深遠的影響，尤其對那些可能更熟悉第一線競爭的基層員工來說更是如此。接下來，我舉幾個自己親身參與過的具體例子。

不要用PowerPoint，不要超過三張紙

二〇〇〇年，當萊夫利接任寶僑執行長時，就想要改變公司策略流程中的官僚文化。當時所謂的流程，基本上就是執行長先找公司各事業單位負責人，對每一個事業部做策略評估，然後再以評估的結果為基礎。但實際上，各部門負責人基本上只是「**進去開個會，做做樣子，然後結束會議走出來**」。

對這些事業部負責人來說，如果帶著提案進去開會，會議結束時提案修改很少，就表示會議是成功的。所以他們去開會時，總是帶著厚厚一疊「完備」的PowerPoint簡報及數十頁的「Q&A」，以便被問到任何問題時，可以拿出來回應。負責製作簡報的團隊，通常會花好幾個禮拜的時間來準備，因為要確保成功，就要為每一個可能出現的問題準備好答案。在會議上，事業部負責人會詳細地說明簡報中每一張投影片的內容，並從適當的問答單中擷取內容來回答問題。這些會議，有時一開就是一整天。

在萊夫利的要求下，我訪談了多位事業單位的負責人。結果發現，其實他們都不喜歡開這種會議，但都以為別人覺得開會很有用——這簡直就是阿比林悖論（Abilene Paradox，描述一個家庭的每位成員都同意大老遠開五十英里的車到德州的阿比林吃晚餐，而每一個人心裡都以為自己是家中唯一不想去的人）的典型例子。

於是我和萊夫利決定，不再讓大家開會時帶著大量投影片及問答集，只要求他們一週前先把簡報的投影片寄給我們。這樣一來，我們可以提早給每一個團隊一份簡短的清單，列出我們在評估會議中想討論的議題（不超過三個）。我們明確要求他們，不需要為了討論做進一步的準備，因為我們不想看他們用冗長的投影片，並堅持他們帶來開會的資料，不能超過三張紙。

結果，大家想盡辦法取巧、鑽漏洞。有些團隊懇求我們通融他們，繼續用原本準備好的投影片，還有很多人在帶來開會的三張紙上，密密麻麻地寫滿小字。但我們堅持不聽簡報，也對他們事先準備好的答案毫無興趣，我們只想充分討論對該事業群真正重要的策略議題。

對萊夫利來說，剛開始的每一次會議都很困難，必須不斷阻止大家回到以前熟悉的模式。但有些人也因此改變了，於是我們聽到了一些意想不到的資訊。

前後花了約四年，這些事業部才完全習慣萊夫利想要的方式：豐富的策略討論，探討各種構想（新的競爭方式、新的成長途徑及根本的威脅），並確保公司裡最優秀的人才在一起交流，而不是鉤心鬥角。後來，策略制定的不成文規範與習慣都改變了，成為衍生性思維（generative thinking）最充分的助力，並延續至今。

鼓勵人際互動，而不是彼此考核績效

總部位於蘇黎世的Amcor，是全球第五大包裝公司，每年都會安排一群約十二人的資深高管，參加高管培訓課程（executive development program, EDP）。

這群人通常是向全球管理團隊（global management team, GMT）的成員彙報，而EDP的核心要素，是個人策略計畫（personal strategic initiative, PSI）。在為期六個月的課程中，每位參與者必須處理一個他與GMT上司都認為對現在所屬事業很重要的策略問題。課程結束時，他們還必須向GMT上司簡報他們為PSI做了什麼，並提出建議的行動方案。

前幾年參與者的目標，是盡可能完美地簡報PSI，而GMT評審者採取的方式，也大都是評論簡報，就像在對每位參與者打分數一樣。於是，原本應該是一場有關策略的公開討論，結果卻變成了績效考核。

為了改變這種文化，我們把參與者分成四組，每組三人，每個小組每月見面一次，好讓組員幫兩個同伴發展他們的PSI。這是一個很小的改變，但效果強大，因為這讓參與者有機會把還不完美的策略提出來討論。不管他們目前做出來的品質如何，分享現有的工作成果都將能獲得實用的建議。那些幫助同伴改善的組員，並無意檢討與評論同伴的策略，純粹只是幫忙及提供建設性的意見。

在與GMT上司做EDP審查之前的最後幾次會議上，我們把四個小組合併成兩個小組，每組六人，讓每個參與者從另外三位新成員獲得額外的幫助。同樣的，新組員的任務，也是為夥伴的策略提出更好的建議。在最後一步中，我給每個人（包括GMT上司）同樣明確的指示：把談話的重點放在如何讓PSI更好，而不是評估參與者的表現。

現在要確定這些改變是否引發了根本的變化，還為時過早。但我很樂觀，部分原因在於我們才剛結束二〇二一年的培訓課程，而且成效很好。參與者和GMT上司都覺得，多了幾輪同儕的參與，他們的PSI簡報與策略品質都精進了。他們也覺得，討論的範圍更廣，思辨性更強。這表示，由於過程中人際機制的改變，PSI確實變得比較不像績效考核了。

「取悅」對方是沒用的，要鼓勵對方「分享」

我曾在一家《財星》二十五大的老牌公司當顧問，該公司的管理團隊與董事會之間的關係陷入惡性循環。董事會質疑管理團隊提出的想法，對好消息總是抱持保留態度，使得管理團隊每次開董事會都如坐針氈。

由於雙方交流不順暢，成效越來越差。雙方都試過一些改善的方法，例如縮短議程、增加問答時間、更全面的簡報等等，但都沒有效果。董事長希望董事們換一種更正面的文化，結果反而招致董事會成員對他不滿。

問題的根源，似乎來自一種「敵我對立」的文化，管理團隊與董事會開會時，想把簡報盡可能地做到完美與全面，期待董事會肯定他們的表現，而董事會成員則老想著對他們不熟悉的事情發表意見、在簡報中尋找矛盾與不合理的地方，也讓管理團隊覺得他們在吹毛求疵。

我建議管理團隊，不要把精力花在**取悅**董事會，而是思考如何讓董事可以**分享**他們自身的經驗與知識。

當時，這家公司正面臨一項重大的技術變革，所以我也鼓勵董事花點時間，針對如何因應這項技術變革提出初步的想法。執行長在會議上問董事：「根據你們在其他產業的經驗，你們覺得因應這種重大變革的最佳方法是什麼？你們認為我們的初步構想中，可能遺漏了哪些事情？」

採用這種方法後，董事們不再覺得自己處於一種尷尬的立場（對幾乎不了解的事業評斷管理團隊的績效），而是貢獻自己熟悉且了解的東西。幾位董事提出他們從其他產業獲得的見解，管理團隊覺得那些意見相當寶貴，都是他們自己不會想到的。董事以一種更積極的方式與管理團隊交流，並表示他們也很欣賞管理高層的想法。管理團隊開會前原本抱著保留態度，擔心董事會覺得他們能力不足、準備不周，看到董事會的上述反應時，都覺得很有收穫。

前面提到的每一項變革，其實都只改變了組織中特定單位的部分規則，例如寶僑的事業群審查、Amcor的EDP，以及那家財星二十五大公司的董事會議。這些都是重要的局部變化，而不是全組織的文化改變，但卻可以對組織產生重大的影響。

接下來，我來談談我在多倫多大學羅特曼管理學院（Rotman School of Management）的文化變革經驗。一九九八年至二〇一三年，我曾在該學院擔任院長。

我在羅特曼的那些年，學術圈鬥爭也很兇

我剛到羅特曼時，羅特曼剛經歷一場讓學校難堪、前院長辭職、教職員彼此對立的糾紛。教職員、學生及外界都認為，這所學校遠遠落後於當時在加拿大居領先地位的毅偉商學院（Ivey Business school，屬於西安大略大學）。

那時羅特曼的文化很糟，教職員與學生都不信任學院與大學的行政單位，也不接受任何改變。行政單位覺得教職員與學生很討厭，看什麼都不順眼，只會發牢騷。而不管是教職員還是行政單位，都對校友會、加拿大商界及多倫多媒體等外部的利害關係人沒有好感。

我知道，必須消除他們心中的成見，羅特曼才有機會恢復往日榮光。

由於我是校方從商界高調請來的，大家都認為我會大刀闊斧地改革，例如重組學院、塑造「商業文化」等等。但我沒有那樣做。直到二〇一三年我離開時，羅特曼的組織結構與一九九八年我剛到任時沒有太大差異。除了一些微調，學院的治理結構是一樣的。我沒有宣揚什麼新文化，事實上我根本連談都沒談到文化。相反的，我始終把焦點放在**改變人際關係**的機制上。

不要被規定綁死，該變通就變通！

我剛加入羅特曼時，羅特曼學院（與其他系所）必須採取的教師評鑑制度是這樣的：每一位教員向院長提交一份年度活動報告，說明過去十二個月自己所做的研究、教學和服務，包括出版的書籍或發表的文章、受邀參與的講座、獲得的研究補助或獎項、教授的課程及學生對該課程的評價、教學獎項、參與的委員會等等。身為院長，我的任務是發出一封制式的評鑑書，告知教職員他們在研究、教學、服務及整體上的得分（總分是七分）。

我沒有改變這套機制，而是在其中增加了一種人際互動機制：在每一位教職員提交報告後，我請每個人個別和我面談一小時，並提出以下三個問題：

1 去年你達成個人目標的程度是多少？

2 你為明年設定了什麼目標？

3 在努力實現目標的過程中，你是否需要院方提供一些你目前還得不到的協助？

我之所以增加這樣的會面，是希望教授能為自己的個人成就負責，而我（與行政單位）的任務，是幫他們（在合理範圍內）實現其內在動機的目標。我與他們開會，不是為了做出任何評斷，而是為了幫他們找出他們想做什麼，以及需要什麼幫助才能完成目標。

我上任之初，遇到一個案例讓我印象深刻。羅特曼與許多商學院一樣，教職員分兩類：終身教職的研究型教授，以及非終身教職的講師（稱為實務教授）。實務教授沒有義務做研究，但每年教的課程較多。在文化上，多數學校的許多研究型教授與行政單位都把講師視為二等公民。當我向其中一位名叫瓊恩的資深講師提出第三個問題時，她直截了當地回答我：她需要一台筆記型電腦，但學校的行政單位拒絕提供。

要知道，這所大學是由市中心的校總區及東西兩個郊區的校分部所組成的，而瓊恩同時在校總區及西分部任教。根據大學的規定，所有教授或講師的辦公室都配有一台桌上型電腦（她的辦公室在市中心）。由於那個年代的教室還沒有連上共用系統，瓊恩必須把授課用的投影片，從桌上型電腦下載到磁碟片（還記得這玩意兒嗎？），再帶去課堂上，等插入教室內的電腦後，再對著不耐煩的學生講課。如果瓊恩有一台筆電，就可以隨身攜帶筆電，直接把筆電連上教室的投影機，不再需要大費周章。儘管這個需求很合理，但每次瓊恩向ＩＴ行政單位提出要求時，對方總是堅稱，按規定她不能申請筆電。

我告訴瓊恩，會給她一台筆電時，她還以為我在開玩笑。我向她保證，我是講真的。當她去學校的ＩＴ部門拿筆電，ＩＴ部門還打電話問我，是不是規定改了，每個人都可以配一台筆電？我跟他們說：「規定沒改，只是瓊恩真的需要一台筆電。」

我啟動的這種對話，協助教授實現他們的目標，而不是把焦點放在他們的績效上。回過頭來，這樣的對話也改變了教授們對校方的態度。在我擔任院長的十五年期間，幾乎沒有教職員離開羅特曼商學院。每當我需要他們的時候（尤其是在全球金融危機之後），他們都很願意協助。

不要在人家背後放暗箭，要直球對決！

大學裡教職員與行政部門之間的關係不佳，早已不是新聞。我接任院長不久，就有教員來找我抱怨另一位教員，希望我能介入、挺他。

我採用的方法，不是去建立一個化解衝突的正式程序，也不是勸他們化解分歧，而是改變互動的方法，我稱之為「支持理智行動」。每當有教職員來抱怨其他同事時，我總是提議：走，直接找對方，當面解決問題。

這通常不是投訴者想要的結果，他們只想在對方無法還擊的情況下去抱怨對方。不出所料，沒有一個投訴者接受我的提議。幾個月後，就沒人私下來找我抱怨同事了。

當然，我沒有天真地認為這樣就能真的消除教授之間的衝突，但這確實塑造出一種文化——直接解決衝突，而不是求助院長。我擔任院長的最後十年間，再也沒有教職員來向我抱怨過同事。

別老是想從別人身上撈好處，要問問你能幫人家什麼忙

我剛接任院長時，羅特曼學院一來與企業界互動很少（前一年，學院只有兩次活動邀請

商界人士參加），二來幾乎沒有媒體報導，三來與校友互動不多（我們積極聯繫的校友不到一五%，幾乎不曾為校友做任何事情），四來除了有同行評審的學術期刊，幾乎沒什麼學術聲譽（我們斷斷續續發行了《羅特曼雜誌》，寄給留下地址的少數校友，但成效甚微）。我們幾乎沒有財務餘裕投入上述任何外部活動，但我知道，我必須改變外界對羅特曼學院所抱持的看法。

過去，我們跟外界互動都出於很功利的動機。例如我們與校友或企業互動，是因為想募資或幫畢業生就業；與媒體互動，是為了獲得好評與新聞報導，讓校友或企業與我們互動時感到與有榮焉。因此我提倡，用我所謂「持續的效用主義」（Doctrine of Relentless Utility）來取代這種態度：我們應該竭盡所能地幫助外部的利害關係人，不求任何回報。

我認為，只要我們努力做到這一點，學校就會有好事發生。雖然不知道是什麼時候，也不知道怎麼發生的，但好事終究會降臨。所以我和團隊成員對話時，都會問他們，要如何幫他們接觸利害關係人，以及我與學院的其他人可以幫上什麼忙。

其中一個沿用至今的點子，是為畢業生設立一年一度的終身學習日（Lifelong Learning [LLL] day）。當時的想法是，由於畢業後新的知識仍持續累積，我們會把你召回來（就像召回汽車一樣），為你提供新一年所累積的知識。我們每年都會為你做這件事，也就是說，學校會負責讓你與時俱進、跟上潮流。我們不會向你收費，也不會向你募款。

羅特曼的終身學習日，後來變成一場盛大又熱門的活動，拉近了我們與校友的距離，也帶來一個意想不到的結果：非校友太喜歡這個活動提案了，他們也很想參加。剛開始我們覺得不應該讓非校友參加，因為這可能讓我們的校友覺得活動沒那麼特別。但後來我們意識到，如果我們向非校友收費，將可以帶來更多經費來改善活動內容，還可以用實際的價格證明校友免費獲得的價值。很快的，有數百名非校友為了終身學習日付出一千美元，而且沒有校友因此抱怨過。

漸漸的，大家對於羅特曼商學院與外部利害關係人互動的方式開始改觀，並學會從「持續效用」的角度看待一切。久而久之，我們的努力有了明顯的效果，與外界互動的規模大幅擴增了。在我擔任院長的最後一年，我們辦了一百二十二場活動，總共吸引了上萬人參與。媒體報導我們的比例，超越了加拿大其他商學院的總和，而且國際媒體提到我們的次數每週至少十次（相較之下，一九九八年時每個月提到的次數還不到一次）。我們握有九成以上校友的現行聯絡住址，各種校友活動（包括終身學習日）也都有很高的參與度。羅特曼發行的雜誌出現在加拿大各地的報攤上，付費發行量與《加州管理評論》（*California Management Review*）和《麻省理工學院史隆管理評論》（*MIT Sloan Management Review*）不相上下。我擔任院長的最後一年（二〇一三年），我們的年度淨投資，僅略高於我一九九八年接任院長時的對外關係預算。也就是說，我們用活動收入與訂閱收入達成了上述的一切。

高階管理者試圖改變一個組織的文化時，常會用錯工具，例如改變制度、公開發表經營理念等等。這樣做，是注定要失敗的，因為文化不是取決於系統、流程或領導者的理念，而是取決於個人在規則與人際脈絡下的互動方式。要真正落實真正的文化變革，高階管理者應該把焦點放在如何建構組織日常的人際互動上，並展現出紀律。這需要投入時間，而且堅持不懈。人們不會在一夕之間改變做法，但一旦改變，結果是深遠又持久的。

＊本章是更新及擴寫自馬丁發表於《哈佛商業評論》的〈改變公司的心態〉（Changing the Mind of the Corporation）一文，一九九三年十一月／十二月號。

第7堂　知識管理

當有人疲於奔命，有人假裝忙碌，
就是失敗的知識管理。

全世界的公司都在煩惱如何管理知識工作者，他們為了尋找及留住最頂尖的人才而激烈競爭，往往在過程中累積了好幾千名管理者。這麼做短期內沒什麼問題，不過一旦景氣開始惡化，公司難免會發現這些高薪員工的生產力不如預期。為了控制成本，公司只好大幅裁員。然後過沒多久，公司又要開始招聘人才。

這樣的循環，其實有很大的破壞力，除了耗費相關的人力與社會成本，一家公司如果長期以這種方式管理，是非常缺乏效率的。要知道，人力資源管理是企業成長最重要的動力來源。

令人費解的是，美國許多最受推崇的公司也陷入這種循環。以奇異（GE）為例，在一九八〇與九〇年代初期大幅裁撤管理階層，後來又逐漸擴編，接著二〇〇一年再次宣布裁員。到了二〇〇七年，管理階層的人數又再次回升，直到經濟衰退又被迫再度裁員。高露潔—棕欖（Colgate-Palmolive）、大都會人壽（MetLife）、惠普（HP）、百事公司（PepsiCo）等大企業，也發生同樣的現象。

照理說，人力資源是公司內部最有生產力的資產，為什麼這些公司面對人力時，卻如此束手無策呢？我認為，問題的根源在於大家對於「知識工作」與「勞動工作」之間的異同仍有很深的誤解。

多數公司在管理知識工作者方面，常犯兩大錯誤。第一，用管理勞動工作者的方式，來管理知識工作者——讓他們日復一日地做同樣的工作；第二，誤以為「知識」必然與「知識工作者」綁在一起，無法輕易整理歸納並轉移給他人。

我認為，應該以不同方式來思考知識工作：**按專案來管理，而不是按職務來管理**。在本章中我將說明，把我們對工作的傳統假設，套用在知識工作上會有多大的破壞力，並提出另一種典範讓大家參考。如果有更多公司普遍採用我提議的模式，或許我們最終可以擺脫前述那種「徵人—裁員—再徵人」的怪異循環。

首先，我們要了解知識工作者實際是做什麼的。

辦公桌是他們的「工廠」，會議是他們的「生產線」

知識工作者基本上不負責生產產品，也不提供基本服務，但他們確實創造出某種東西，我們可以合理的說，他們的工作就是在「創造決策」：決定要賣什麼、決定什麼價格、決定賣給誰、決定用什麼廣告策略、決定透過什麼物流系統、決定在什麼地點銷售，以及決定需要配置什麼人員等等。

知識工作者每天上班，都窩在辦公桌前或會議室裡做決策，辦公桌與會議室就是他們的「決策工廠」。他們的「原物料」（也就是資料與大數據），不是取自公司內部的資訊系統，就是由外部供應商提供。他們製作出大量備忘錄與簡報，裡面全是分析與建議。「會議」是他們的「生產線」之一，而他們的工作成品則是「決策」。他們會重新生產（再開一次會議，完成前次會議沒做成的決策），也會參與售後服務（追蹤決策的後續發展）。

在美國企業的成本架構中，決策工廠可說是占比最高的成本，連寶僑這種大型製造商也不例外，因為決策工作者的薪資遠高於實體工廠的勞工。為了追求效率與成長的雙重目標，企業從二十世紀下半葉開始，在研發、品牌經營、ＩＴ系統及自動化方面投入越來越多的資金，而這些投資，都需要招募一大群知識工作者。

我清楚地記得和北美最大麵包製造商執行長共事時，他剛以北美最先進的烘焙廠，取代了勞力密集的老舊工廠。他自豪地告訴我，新的電腦化烤箱與包裝機，使直接勞力成本大降六〇%。問題是與此同時，公司總部與工廠也招募了一群高薪的知識工作者（包括工程師、電腦技師和管理者），負責操作這些複雜的電腦系統與先進設備。新工廠勞動工作者的變動成本確實下降了，但知識工作者的固定成本卻上升了，結果公司必須把產能利用率維持在高檔才行，但並不是每年都能達標。

這家麵包製造商的故事很有代表性，因為很多企業也是把直接成本換成了間接成本，勞動工作者減少（但生產力倒是提升），以及高薪知識工作者增加。

半個多世紀以前，彼得・杜拉克創造了「知識工作者」一詞。此後，知識工作者不僅成為勞動力的重要組成部分，還居主導地位。隨著中國與其他低成本地區引進越來越多的勞動工作者，已開發國家會越來越倚賴知識工作者，因此他們的生產力可能會成為我們這個時代的管理挑戰。

越來越多知識工作，管理成本越來越高

想了解知識工作者在現代勞動力中的成長幅度，一種方法是觀察大公司的商品銷貨成本（cost of goods sold, COGS）及一般銷管費用（selling, general, and administrative expenses, SG&A）的變化。COGS 和 SG&A 是任何公司最大的成本項目，可分別代表藍領與白領勞工，因為前者的成本包含在 COGS 中，而後者的成本占 SG&A 的大部分。

道瓊工業平均指數（The Dow Jones 30, DJ30）向來代表美國大企業：二〇二〇年，其成分股的營收是二．八兆美元，員工約八百萬人。如下圖所示，一九七二年，DJ30 的 COGS 占營收的七二%，

圖 7-1 道瓊工業平均指數

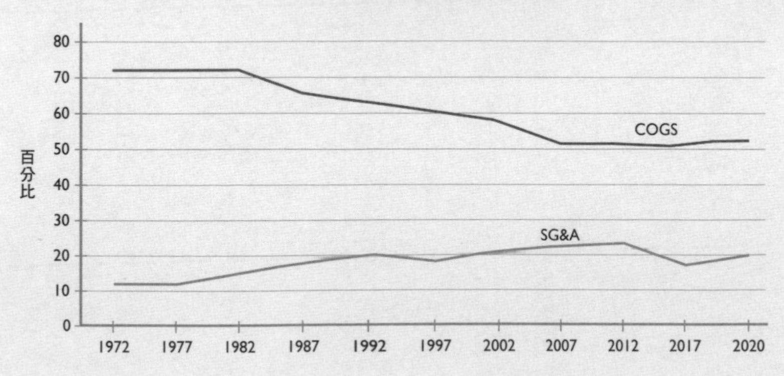

SG&A 只占營收的一三％；一九七〇年代末，SG&A 占營收的比例開始成長。在接下來那十年間，COGS 的占比開始下降。到了二〇二〇年，它們的相對比例發生了巨大的變化，COGS 的占比降為五二％，而 SG&A 上升為二〇％。

為什麼公司裡老是有一群人在假裝忙碌

無論哪種產品的生產流程，生產力都會受兩個關鍵因素影響：安排工作的方式，以及公司記取經驗的能力。這兩項因素會相互影響：你安排工作的方式，會影響你從工作中學習的能力。當實際工作內容與安排工作的方式無法配合，會導致知識工作的效率低落。讓我們來看看為什麼會這樣。

在決策工廠中，勞動的基本單位是「職務」（job）。在這方面，決策工廠就像產品工廠，也就是說：管理者通常會找出一種特定的活動，作為一個員工的職務內容，讓他每天或多或少地重複去做。如果你知道你想要多少產出，就可以估計出你需要多少這樣的「職務」，並為此雇用多少人。當然，產出總會有些變化，但在可預測的範圍內，你可以把它寫進工作合約中。有些員工的工作量較少或輪班時間較短，但整體來說，這種架構隱含一個假設，就是：工作的產出是穩定的。

決策工廠的職務安排，通常也是根據同樣的假設。以「行銷副總裁」這個職務為例，公司隱含的假設是：他每天的產出量都相同，所以其職務說明是列出一組日常任務，這些任務的總合，就是一份全職工作。典型的行銷副總裁要負責的職務，包括品牌管理、宣傳活動、市場調查等等，所有這些職務都被描述成彷彿需要日復一日、週復一週、月復一月去執行似的。

但是，決策工廠不能與產品工廠相提並論。**知識工作是一種「專案」任務，而不是日常的例行性任務**。

以前述那個行銷副總裁來說，在重要新品上市或競爭威脅出現時，他會很忙碌；兩者同時出現，那更是忙到不可開交。不過，在忙碌期以外的時間，他不太需要做決定，可能除了收發電子郵件以外，沒有什麼事可做。然而，沒有人會建議他休假，更不可能建議公司在這段時間停止支付他薪水。

把產品工廠模式套用在知識工作上，就會造成前述反覆招募、裁員、再招募的惡性循環。當全部的勞動力都是按固定的全職工作來管理時，公司很難把資源重新分配到極其繁忙的領域，以因應高峰需求。通常，人力資源部必須開出新的職位，寫一份工作說明書，然後找人來填補職缺（可從公司內部調動全職員工去遞補，或從外面招募人才）。

各領域的管理者都習慣根據該領域知識工作的高峰需求，來配置人力，於是導致決策工廠中隨處可見過剩的人力。這也是為什麼決策工廠的生產力，始終是當代企業的一大挑戰。

當然，對知識工作者來說，不太可能主動告訴上司說自己有「閒置產能」。畢竟，這樣做對自己沒好處。真要那樣做，下次老闆打考績時，可能會認為他的工作太輕鬆、生產力不高。更慘的是，上司可能覺得他根本是冗員，可以裁掉。這就是為什麼，**隨時隨地裝忙，對知識工作者是比較有利的**。反正，他們永遠有報告要做，有備忘錄要寫，有諮詢要進行，有新的點子要探究。於是，為了維持這種求生本能，決定生產力的第二個關鍵因素——知識轉換——就遭到扭曲了。

其實，公司也不知道哪些人該裁、哪些人該留

我在《設計思考就是這麼回事！》（*The Design of Business*）一書中提過，知識的發展會經歷三個階段。

在公司開發出一種新的製造業務（例如一九八三年，英特爾蓋了第一座晶圓廠）或服務業務（例如一九五五年，迪士尼在加州蓋了第一座主題樂園）時，知識工作者的「任務」仍是個謎團。晶圓廠的最佳製程是什麼樣子？樂園內人潮應該如何排隊？

開創性的實驗工作，往往效率不佳，容易出錯。但在經過大量的實踐摸索之後，到了適當時候就會形成一套智慧，引導整個流程。這套智慧，我們可以稱為**捷思**（heuristic）。英特爾後來又蓋了十二座晶圓廠，就不再跌跌撞撞地摸索，因為設計者是在第一座晶圓廠任職過、已有豐富知識的專家；迪士尼在佛羅里達州奧蘭多（Orlando）蓋四座主題樂園時，同樣能夠運用加州主題樂園的捷思。

在產品工廠中，知識的精進不會止步於捷思。大規模的製造事業或服務事業的文化，會不斷地推升知識，直到知識成為一種**演算法**——一道保證成功的公式。於是，操作手冊取代

了知識豐富的專家，經驗較少的管理者可以依循演算法來完成任務。這種文化，就是麥當勞、聯邦快遞成功的原因。而且，公司不會滿足於現有的演算法，他們會精益求精地持續改進。

然而，在**決策工廠**中，知識通常會持續停留在捷思的層次。在這個層次上，經驗與判斷是做出有效決策的關鍵要素。當然，這主要是因為決策工廠面臨的知識挑戰更加嚴竣，許多決策都是頭一遭遇到。例如，一家從未進軍開發中國家的公司，如何打入奈及利亞市場？下一個進入的開發中國家，要選哪一個？進入每一個市場的策略，肯定都不相同。即使已經為十個國家擬定過策略，公司可能還是沒有一套可以沿用的捷思，更遑論演算法了。

這種按職務設計的工作架構，存在著一個很大的風險：**如果真的有一位經驗豐富的知識工作者，把需要技能的捷思轉變成演算法，那等於是在建議公司接下來可以找技能較差、薪資較低的員工取代他們**。這也是為什麼許多公司發現，他們很難要求知識豐富的員工，花時間把捷思法傳承給新進的成員，那些知識豐富的員工，似乎總有更緊迫的事情需要處理。

當然，藍領世界也存在著這種風險，但藍領是藉由觀察實際的流程來提升知識。從佛德瑞克・溫斯羅・泰勒（Frederick Winslow Taylor）站在流水線旁，拿著馬表計時的年代開始，藍領勞工就知道有人會監督他們的工作並持續提高標準。相反的，知識工作者的知識，則是隱藏在他們的腦中。

當代企業的高階管理者都知道，公司裡的知識工作者太多，但他們不知道是多在哪。因此，一遇到銷售下滑或棘手問題時，他們會大刀先裁撤知識工作者再說，以為這樣做就能消除一些過剩的人力，而且不會產生特別糟的後果。

其實，管理「決策工廠」有一種更好的方式：第一，採用成功的專業服務公司管理人力資源的方法；第二，套用最棒的藍領工廠提升知識的做法。

「全職」不等於待在同一個部門，而是在不同專案中流動

要打破反覆招募、裁員、再招募的惡性循環，企業應該**按專案，而非職務來管理工作。在這種模式中，所謂的「全職員工」，不是「固定」在特定部門工作，而是在需要他的專案之間「流動」**。當公司可以機動地調派人力，就可以減少雇用的知識工作者，也會大幅減少知識工作者閒置時間及投入不重要的工作。

舉個例子來說，聯合利華公司為「多芬」品牌新找來了一位「助理品牌經理」。一開

始，這位「助理品牌經理」以為自己的工作很明確而固定，就是：協助上司引導品牌發展。但她很快就發現，她的工作內容不斷在改變。這個月，她可能負責研究定價與品牌延伸的定位。兩個月後，由於最暢銷的產品延遲出貨，她可能整天都在忙著處理生產問題。接著，上司又指派她去做另一項專案。幾個月後，她發現自己的職務，是由連串的專案所組成。這些專案有些容易處理，有些比較麻煩。

在主流的商業界眼中，這種按專案來管理知識工作的方式可能比較激進，但其實專業的服務公司早就非常熟悉這種模式。有些專業的服務公司，規模甚至不輸給大型的製造業者。例如，管理顧問公司埃森哲（Accenture）從安達信（Arthur Andersen）的「系統整合事業」起家，三十五年來已經發展成一家營收媲美默克藥廠的公司。顧問業的麥肯錫（McKinsey & Company）若是上市公司的話，約可名列財星五百大公司的第三百名。

這些公司的員工，幾乎都是知識工作者。一個專案進來，他們會建立一個團隊來執行。專案完成後，團隊就解散，成員再安排到其他專案中。員工沒有固定的任務，但有一定的技能，可以參與特定的專案以貢獻所長。

由於這些顧問公司在專案出現時，可以無縫接軌地靈活配置資源，這種能力是他們的客戶做不到的：為客戶無法自己處理的專案提供人力，因為客戶內部的員工都有固定的職責，無法任意調派。誠然，對於一些專案，專業的服務公司是有獨特的專業知識，但客戶之所以需要顧問公司，主要還是因為他們可以迅速調派人員去完成眼前的任務。事實上，專業顧問公司發展如此迅速，部分原因就在於他們是按流動專案來管理，而他們的客戶則是按固定職務來管理。

想通了！幫公司省下二十億美元！

除了這些專業服務公司之外，好萊塢的電影公司也是按專案來管理的。每拍一部電影，他們就組建一個團隊，接著開始策畫、拍攝、剪輯、行銷及發行。每個團隊的成員完成各自的任務後，會再被分派到其他專案。

有些大企業也逐漸了解這種模式的威力，例如寶僑，早在一九九八年就做了一次大規模的組織重組，把核心從四個整合的區域利潤中心，改成七個全球事業單位（global business unit，簡稱GBU，包括嬰兒護理、織品護理、美容護理）加上市場發展組織（負責在指定地區配銷七個GBU的產品）。

組織重組的一大特色，是建立「全球事業服務」（Global Business Services，簡稱GBS），以便共享資訊科技與員工服務。共享服務的組織本來就很普遍，寶僑採用這種方式沒什麼特殊之處，倒是GBS的運作方式值得好好談談。

二〇〇三年，在寶僑GBS的總裁菲利波．帕塞里尼（Filippo Passerini）領導下，寶僑投入公司歷史上最大規模的委外專案：把約三千三百個工作外包給IBM、惠普、仲量聯行（Jones Lang LaSalle）。帕塞里尼把GBS旗下那些做例行工作、與專案無關的員工，轉移到這三家公司。這樣一來，他就可以用更有創意的方式，來思考GBS內部剩下的工作。

過去常見的做法，是把那些工作設計成固定的職務，並假設每個職務都在不斷地處理類似的工作內容。但帕塞里尼沒有這樣做，GBS剩下的那些工作，本質上是專案導向的，帕塞里尼決定接受這個本質。他把GBS剩下的組織變成所謂的「流向工作的組織」（flow-to-the-work organization）。當然，部分員工仍有固定的職務，但多數員工被指派去做成效較高又緊迫的專案。這些知識工作者不預期自己會長期待在某地區的某個事業單位，他們知道所參與的團隊，是為了解決連串的迫切任務而組成的。

另外還有吉列公司（Gillette）的整合。二〇〇五年，寶僑斥資五百七十億美元併購吉列，可說是寶僑有史以來最大的併購案，也因此多了三萬名員工。這起併購案的最大挑戰，就是在GBS方面：整合所有後台的職能（財務、銷售、物流、製造及行銷）與IT系統。拜GBS「流向工作」的組織架構所賜，帕塞里尼迅速把多種資源用於整合，結果短短十五個月就完成了整合任務，不到同規模併購案所需時間的一半。整合的綜效據估計每天可省下四百萬美元，這相當於幫公司省了近二十億美元。

按專案來管理知識工作的方法，目前正在寶僑的各部門推行。二〇一二年，寶僑宣布一項計畫：消除多餘的白領成本，並以更有效的方式來管理剩餘的成本。寶僑的每個部門都必須定義，知識工作者中有多少比例是做固定的職務，有多少比例是做「流向工作」的職務。每個部門「流向工作」的人員比例可能不一樣，但一定要大於零。

目前為止，並不是所有知識都能簡化為演算法

公司改用「流向工作」架構，可以大幅改善知識工作者的生產力，也可以消除整理與轉

移知識時所面臨的障礙。

不過，有這種架構並不保證一定會出現知識的整理與轉移。想要整理與轉移知識，公司必須說服知識工作者付出更多心力。在這方面，寶僑也成為業界典範，指派重要的高階管理者負責整理知識。從一八三七年起，寶僑就很擅長打造品牌，但有很長一段時間，它把品牌打造當成捷思看待，由經驗豐富的高薪高階管理者負責。以前想要學習這套捷思，員工需要跟著一位或多位高階管理者學習，慢慢吸收不成文的規則。

後來寶僑終於決定，這種模式不能再延續下去。一九九九年，衣物柔軟精事業單位的總經理黛博拉．亨麗塔（Deborah Henretta）發起一項專案，歸納整理公司打造品牌的捷思，讓它朝演算法演進。這套品牌打造架構（brand-building framework, BBF 1.0），是為了讓公司內部的年輕行銷人員更快學會品牌打造的技巧，以降低打造品牌的時間與成本。後來他們覺得進一步精進BBF更有價值，所以不斷更新，最近一次更新是二〇二一年。

寶僑的GBS也積極地朝著同樣的方向發展。例如，在年度的策略規畫以前，寶僑內部二十多個事業部的財會主管都要進行勞動力密集的準備工作。以往，財會主管必須根據自身經驗，判斷哪一類的資訊有助於該事業部準備策略規畫，然後從多種來源去收集這些資訊，將之整理成某種形式。

由於他們會從GBS的資訊系統取得許多資料，GBS注意到某些財會主管在每年特定的時間點，都會要求GBS提供某些類型的資料。時日一久，GBS發現，財會主管所準備的資料在內容上都非常相似，GBS可以透過一個演算法輕易整理出來。事實上，其中的多數資料可以用GBS開發的一款軟體彙整及匯出，每個財會主管只要發電郵給GBS，就可為即將到來的策略規畫索取準備資料包，不必再花數百個小時去整理。

顯然，不是所有的知識工作都可以簡化成演算法。但搭配機器學習技術，還可以做得更多。例如，在金融與醫學領域，我們看到越來越多人運用人工智慧做分析，甚至連傳統上由真人所做的決策，也可以交給人工智慧處理。在中國，網際網路金融服務公司螞蟻金服（Ant Financial Services）的小企業貸款業務，幾乎完全透過軟體做出貸款決定。該公司的演算法可以審查貸款申請人的商業交易與通訊，因為它可以讀取其母公司阿里巴巴的電子商務網站淘寶上的資料，並用那些資料來即時判斷信用評級，幾分鐘內就能處理好貸款申請，幾乎沒有成本。在醫學領域，醫學影像診斷則是典型的例子，透過掃描及X光的機器分析，已經證實可以非常準確地診斷病情。

像寶僑這種規模的公司，不可能一夕之間變成按專案來管理知識工作，或把每個捷思都變成演算法。事實上，公司也不該那樣做，因為有可能矯枉過正而極具破壞性。但幾乎可以肯定的是，內部所有職務都固定不變的公司已經過時了。同樣的，現代公司的知識提升再怎麼快，還是有個限度，而且很大部分的員工仍會持續以捷思運作。但公司顯然需要一些人來解開下一個新謎團，關鍵就在於把許多知識工作者配置到專案中，藉此推動知識的提升與累積。唯有如此，組織才能避免陷入反覆招募—裁員的惡性循環，同時又能提升知識工作者的生產力。

*本章改寫自馬丁發表於《哈佛商業評論》的〈改造決策工廠〉（Rethinking the Decision Factory）一文，二〇一三年三月號。

第8堂　部門

沒有策略的部門，最後就會瞎忙。

「我們該從哪裡開始？」史蒂芬問。最近他剛獲任為一家大型多品牌服飾公司的創新長，他的任務是在這家營運導向、多個傳統品牌的服裝公司中打造一種創新文化。所以在一場創新研討會結束後，他問我：該從哪裡著手最恰當？

我的答案是：策略。先把創新部門所面臨的關鍵選擇說清楚，讓他的團隊了解自己的目標，以及如何達成目標。

史蒂芬一聽，搖搖頭：「我們這個部門不需要策略，搞什麼策略只是浪費時間，我們已經夠忙了。」

忙，正是應該從策略著手的最佳理由。

史蒂芬的團隊已經忙到分身乏術，正竭盡所能地為公司效命，努力趕上進度。身為部門負責人，史蒂芬認為沒有必要做策略選擇（例如團隊如何分配資源、什麼是優先要務、什麼可忽略），但這個決定本身，其實就是一種選擇。而他決定不選擇的結果，就是讓他的整個團隊疲於奔命。

我與不同產業的好幾十家公司（包括本文中提到的一些公司）合作及研究過程中，一再看到這種情況：大部分公司都知道，公司與事業單位需要策略，但公司各部門（例如IT、人力資源、研發、財務等共用的服務部門）是否需要策略，就看法分歧了。對許多公司來說，部門只是一種理所當然的存在。

但我認為：**部門也需要策略**。如果你不訂策略，他們只會不自覺地從「組織模式」和「文化模式」中選用一種來依循。這兩種模式都可能導致他們拖累績效，而不是推動績效。

沒有策略，也是一種策略

關於策略，有一個沒有人告訴過你的祕密：無論有沒有明文寫下來，無論組織有沒有正式的策略規畫流程，每一個組織都有策略。

策略，可以從組織採取的行動看出來，因為本質上，策略就是一種邏輯，決定你為了達成特定目標，選擇去做什麼、不做什麼。你的目標或許沒有被具體描述出來，也可能會隨著時間而改變。你的選擇，可能沒經過任何討論。你的行動，也可能無助於達成目標。但無論如何，策略一定存在於你的組織之中。

比方說，一家公司的財務部門要求「所有投資都必須七年回本」，這，就是在做一種策略選擇。這代表著財務部門認為，快速回報的短期效益，勝過長期投資的潛在利益。

同樣的，當一家公司的ＩＴ部門決定把應用程式的開發外包出去，也是在做一種策略選擇。因為這意味著ＩＴ部門認為，外包比自己開發更能創造價值。

當人力資源部門選擇把全球招募方式標準化，同樣是在做一種策略選擇，顯示人力資源部門選擇以共用模式來取得規模優勢，而放棄追求因地制宜的效益（例如機動性及配合在地文化）。

在沒有明確策略的情況下，各部門做出這樣的選擇，有什麼問題嗎？當然有，當你不講出策略，部門成員就可能會不自覺地默認以下兩種有害模式中的其中一種。

一、當你沒策略，就容易有求必應

第一種，我稱之為「唯命是從策略」。這種模式是基於以下的信念：「部門，都是為事業單位效力。」或者，就像某位執行長說的：「事業單位負責制定及執行策略，各部門扮演支援角色。」

許多管理者顯然也認為這種信念理所當然，公司之所以存在，就是為顧客生產商品與提供服務，所以負責生產與服務的事業單位，理當負責推動企業策略。

但別忘記，其他部門也要服務顧客，他們的顧客，就是使用其服務的事業單位。

當這些部門不自覺地採取「唯命是從策略」時，就會想要迎合所有人，導致自己過勞、不堪負荷，最後變得冷漠又被動，失去了影響公司及獲取資源的能力。他們難以招募及留住人才，因為沒有人想在沒什麼地位的部門工作。

這種唯命是從的部門，會不斷面臨裁員的威脅。它過度分散資源去服務太多的事業單位，也因此無法為任何事業單位提供適切的服務。這有時會促使事業單位乾脆自己成立新的部門，或去找更有效（或至少更便宜）的外包供應商。

二、當你沒策略，也容易自以為是

相反的，有些部門主管（尤其是大公司）會採取全然不同的方法：覺得部門與事業單位的權力與重要性同等重要。

這是第二種我稱之為「唯我獨尊策略」（imperial strategy）的有害模式，部門領導者覺得自己的工作最重要，不太在意要如何配合事業單位的需求及公司的整體策略。

舉例來說，在這種思考模式下，ＩＴ部門會成立一個機器學習與數據分析中心，理由是他們認為這是當今ＩＴ界的趨勢。在這種思考模式下，風險管理與法規遵循部門會建立一套龐大的風險評估機制，並想盡辦法把機制融入公司的決策流程中。至於財務部門則制定繁複的呈報系統，產生堆積如山的財務資料，不管這些資料對事業單位來說到底重不重要。

造成的結果，是這些部門只服務自己，而不是服務顧客。某種程度來說，這些部門自己就像是一門獨占事業：管理高層往往禁止或強烈勸阻事業單位使用外部供應商所提供的人力資源、財務或其他服務。

問題是，這種唯我獨尊型的職能很容易流露出傳統獨占事業最糟糕的特質，也就是：官僚、傲慢、自不量力。他們就像多數獨占事業那樣，免不了會自食惡果。

其實沒必要如此。企業裡的各部門，對公司競爭優勢的培養可以有很大的貢獻，例如寶僑的產品研發部門，可以幫公司更了解顧客（這正是競爭優勢的關鍵來源）。同樣的，紙類與包裝製造商西岩公司（WestRock）的物流部門，也可以在推動彈性、客製化運送的創新方面扮演關鍵角色，協助公司保持競爭優勢。

幫助公司加強競爭優勢的策略，就是最有效的策略

部門主管在制定策略時，應該先探索兩個問題：

第一、這個部門每天所做的選擇，隱含著什麼沒說出口的策略？

第二、公司的優先策略是什麼？對於公司的優先策略而言，這個部門重要嗎？

問這兩個問題，可以迫使部門主管正視當下的策略（無論是沒說出口的策略或公開的策略）中，哪些有效，哪些無效。或許，這個部門的策略已經與公司的策略脫節，無法配合整體公司的需求。

儘管這是重要的第一步，但也不要在這些問題上停留太久。因為當你細究這些問題，往

往會想要更深入分析，例如詳細記錄目前的做法、分析競爭對手的部門在做什麼等等。但是我認為，**探索解決問題的方法，遠比執著於分析問題更重要**。

理想的狀況，是部門主管帶領團隊用既有的知識，在討論幾個小時後，為這兩個問題提出足夠好的答案，這樣就可以了。就像一家汽車公司的高階管理者，不需要大量深入分析，就能判斷公司面臨的主要挑戰究竟是安全與可靠性，還是品牌與設計。

一旦對現狀達成共識，下一步就是思考替代方案。這需要回答以下兩個相關的問題：

一、目標顧客是誰？

部門主管必須找出公司內部的「主要客戶」是誰（也就是對公司整體策略最重要的單位）？為這些客戶提供的核心服務是什麼（與公司的競爭優勢密切相關）？以及核心服務中，哪些應該外包、哪些應該內部提供？

假設人力資源部門已找出它面臨的主要問題，是整個公司缺乏設計創意，那麼，其主要客戶就是各個事業單位的執行長，這個部門提供的核心價值，就是招募及培育年輕設計師，至於它的核心內部能力，則是尋覓設計人才。其中，人力資源部門可以選擇把「學習與培育設計師」外包給頂尖的商業與設計學院合作夥伴，或是把「招募與訓練的行政工作」外包給外部機構。

不同部門可能會選擇把焦點放在公司整體策略的不同部分。以一家在中國與亞洲積極尋求成長的數位平台公司為例，其人力資源部門可能應該專注於這一挑戰，但其風險管理與法規遵循部門，可能應該更關注歐盟法規，因為歐盟的政策改變可能會危及公司的核心事業。

二、如何致勝？

對於一家公司來說，提供給主要顧客的價值主張，必須優於競爭對手的價值主張。例如奇異必須找出如何為商業客戶提供比西門子更好的價值；可口可樂需要為喝汽水的人提供比百事可樂更好的價值。在這些例子中，競爭對手很容易辨識，而且只要觀察對手在市場上的產品與價格，並研究對方的財報，就能推斷其價值主張與商業模式。

但對一個部門來說，「如何致勝」這個問題就比較複雜一點。想知道某個部門對公司而言有多重要，有時候不容易得到答案。威訊（Verizon）也許可以評估它的網路部門相對於T-Mobile網路部門的價值，但卻很難比較這兩家公司的人力資源部或財務部的相對價值。此外，一家公司的部門，並不是與另一家同業的部門直接競爭，因為相互競爭的公司之間可能採取截然不同的策略，需要不同的能力。人力資源可能對A公司非常重要，但B公司可能更重視財務，A公司的人資部門可能不想和B公司的人資部門相比。除非兩家公司的策略相似，否則兩家公司的部門根本無須相互比較。同樣的，同公司的人資部門與財務部門也沒必要相互比較。通常，外包業者才是合適的比較對象。

為了說明這種策略制定，我們來看看四季酒店（Four Seasons Hotels and Resorts）的人才管理。

個案研究：四季酒店的人才策略

數十年來，四季酒店的策略核心，一直是「提供奢華享受服務的能力」——讓客人感覺受到歡迎、快樂、賓至如歸。創辦人伊薩多・夏普（Isadore Sharp）在二〇〇九年的著作中寫道，員工是推動策略背後的力量：「資深員工不僅專注於職務，也關心客人是否感到舒適，以及他們讓客人感到更舒適的能力。我們吸引、培養、激勵並留住這種人才的能力，使我們的文化成為難能可貴的優勢。」

確實，四季酒店的人力資源部門在為公司創造競爭優勢方面，扮演重要角色。如果我們從部門策略的角度，來回顧夏普與其人才團隊所做的事，就可看出他們是如何定義問題，以及他們為解決問題所做的選擇。

定義問題

就像多數服務業，旅館業的勞力成本占營運支出的很大一部分（約五〇%）。因此，多數連鎖旅館業者都在想辦法降低勞動力成本。他們把第一線的旅館員工，視為在一台急速運轉的巨大機器中，可輕易更換的螺絲釘。這就難怪美國勞工統計局的資料顯示，二〇一八年（亦即新冠疫情之前），旅館業員工每年的流動率高達七三・八%。

由於第一線員工的流動率如此之高，大型連鎖旅館業者都把招募重點，放在尋找卓越的總經理，然後總經理建立一套機制，每年迅速雇用大量新基層員工。這些業者很少為了留住第一線員工投入太多心力，因為他們覺得只是白費功夫，高流動率是無可避免的。所以，面對勞動力問題，他們往往把重點放在削減勞動力成本上：盡量降低員工的工作時數、以標準化來提高生產力等等。

目睹這樣的現象，夏普想要改變。當時，連鎖旅館業者對「奢華享受」的定義，主要是以空間大小來衡量：氣派的建築與裝潢，配上高度標準化的奉承服務。夏普認為，「奢華享受」不只是與空間有關，還與客人獲得的款待品質有關。因此，第一線員工是提供新服務型態的關鍵，這種新服務應該是溫馨的、熱情的，讓客人獲得賓至如歸的體貼服務。

另外，旅館業的人普遍認為，第一線員工的高流動率是不可避免的，只能想辦法降低。這也不符合夏普對公司的新願景，他認為人力資源團隊必須配合公司策略，培養第一線人員的服務能力。

策略未觸及的領域

二十世紀上半葉，全球大公司的組織結構，幾乎都是按職能劃分的，包括製造、行銷、人資及財務等部門。

但從一九五〇年代末開始，一直持續到一九六〇年代，大多數公司都改成按產品事業單位來劃分，因為每個產品線都需要清楚的策略與權責，才能贏過競爭對手的產品與品牌。

隨著公司規模持續擴大與多元化，公司的製造長、行銷長、業務長越來越難兼顧每條產品線。於是，一種新的公司結構出現了：各產品線的事業單位，成立了自己旗下的獨立部門。每個事業單位或產品團隊，各自執行自己的人資、財會、研發任務及物流支援服務，從而形成了一九七〇與八〇年代很流行的「集團型企業」。

過了一段時間，鐘擺又盪了回來，因為事實證明，集團型結構為事業所增添的價值，還不足以支應部門獨立的成本。於是，公司又開始把許多部門整合，以提升每個領域的專業化、效率及一致性。

這些中央化的職能，是為了創造成本效率或增加價值而設計。這種理論認為，規模擴大可讓採購更便宜、全球招募更有效率、研發更有效，而各事業單位的行銷、人資及財務也會更一致。

遺憾的是，在這個演變過程中，沒有人談及這些職能該做什麼、不該做什麼，對於它們該如何思考策略也懸而未決。商業策略的實務至一九六〇年代才出現，那時多數企業剛轉變成「產品線」的組織結構。因此，策略理論與實務完全把焦點放在產品線上，至於不同的部門該有哪些任務，就成了策略未觸及的領域。

判斷目標顧客及如何致勝

四季的人力資源團隊招募、留住及激勵員工的方式，也有別於競爭對手。

例如招募，夏普沒有透過履歷表或外部人力仲介，而是投入必要的資源，讓應徵者經歷五次面試才錄用，其中最後一關，是直接和總經理面談。利用這種流程，可以招募到一支經過更徹底篩選的團隊，**員工被錄用，往往是因為他們所展現的態度，而不是所擁有的經驗。**

另外，夏普也致力延長員工的年資，讓基層工作成為人生職涯的起點，而不是毫無前途的工作。這形成了一種良性循環：如果四季員工的平均年資是二十年，那麼人力資源團隊在招募、培訓、獎勵方面的人均資源投入，可以是競爭對手的十倍，因為競爭對手的員工往往只待一年或更短的時間。對四季酒店來說，這樣做的結果是有一群訓練得更好、經驗更豐富的旅館員工，又不會導致整體的人力成本上升。

在夏普的領導下，四季酒店的員工更快樂、更忠誠、更能幹，任職也更久，讓四季得以提供更優質的服務，獲得價格領先的溢價。四季酒店還有嚴格的制度，以確保其服務能力隨時展現。它把招募制度正規化並擴大規模，而其訓練制度則成了業界傳奇。四季酒店在夏普的領導下蓬勃發展，成為全球最大、獲利最好的奢華連鎖旅館。人才策略，正是這項成就的關鍵要素。

不必有求必應，也無須劃地為王

當然，不是所有部門都能像四季酒店的人力資源部門那樣，與公司的競爭優勢直接相關。然而，就算公司的競爭優勢與部門之間的關係不那麼明顯，我們也要了解這個部門在協助公司勝出方面，扮演著什麼樣的角色。也就是說，輔助型的部門，也應該以有效率又划算的方式運作，讓公司能夠專注於投入培養競爭優勢，否則也可能危及公司的整體策略。

以風險管理與法遵部門為例，優異的風險評估與降低風險的能力對有些公司來說很重要，但對多數公司來說未必。在這種情況下，不同類型公司的風險管理部門，就要有不同的策略。例如：如何確保法規遵循訓練足以防範災難，避免公司登上負面新聞？如何幫公司改善與投資人的關係？如何幫管理者了解及量化營運風險？

關於服務對象與服務內容，這些公司的法遵部門也需要做策略選擇。例如，它可以選擇服務第一線員工或事業單位的領導者（執行長或董事會）。它可以把全公司都視為潛在顧客，但必須判斷誰才是它該致力服務的核心顧客。例如，如果法規遵循部門認為，公司的主要風險是健康與安全議題，那麼就要把重點放在經營工廠的廠長身上，為負責營運決策的廠長提供專業知識（例如，關於工廠設計或設備的選購），或是為工人提供法規遵循培訓。

總之，部門沒有必要對公司裡其他霸道部門有求必應，也無須在公司裡劃地為王、唯我獨尊。就像事業單位一樣，各部門都可以運用自己的策略來指引及協調行動，更有效地配置資源，更顯著地提升自己所能提供的競爭價值，成為企業的重要引擎。

＊本章改寫自馬丁發表於《哈佛商業評論》的〈職能管理須知〉（The One Thing You Need to Know About Managing Functions）一文，二〇一九年七月／八月號。

第4部 關鍵行動

第9堂　計畫

所謂計畫，就是在決定要放棄什麼。

每個高階管理者都知道策略很重要，但他們也覺得策略似乎很可怕，因為策略迫使他們面對只能臆測的未來。實際決定一種策略，等於排除了其他可能性與選項，他很可能擔心，萬一做錯決定，會賠上自己的職業生涯。

面對這種情況，一種很自然的反應，就是把策略變成一種「已證明可行」的工具。這樣一來，挑戰就顯得沒那麼可怕了。但這麼做也意味著，需要花數週或甚至數月的時間，準備一份周詳的計畫，說明公司為了實現目標（例如提高市占率或進軍新市場），將如何投資於現有與新的資產和能力。這種計畫往往附帶詳細的試算表，預測長遠未來的成本和營收。有了計畫，大家似乎就不再覺得不確定的未來有那麼可怕了。

這也是為什麼，我們有必要知道一個關於計畫的真理：**計畫，不能取代策略**。計畫，或許可以有效處理對未知的恐懼，但恐懼與不安，反而是我們需要策略的理由。

其實，如果你對自己的策略規畫非常滿意，很可能也意味著這並不是很好的策略，你可能已經掉進了我接下來要提到的陷阱之中。你需要的，恰好是不安與擔憂：**真正的策略需要你下賭注，做出艱難的選擇。策略的目標，不是消除風險，而是提高成功的機率**。

明白這個道理的管理者都知道，好策略，不是花長時間仔細研究及建立模型，所得出的近乎完美的必然結論，而是經由一種概略的流程所得出的結果。要先思考實現目標需要什麼，然後評估放手去嘗試是否切合實際。如果高階管理者採用這個定義，也許他們可以讓策略維持在它理當存在的地方，也就是：在（計畫出來的）舒適圈之外。

舒適陷阱一：有計畫，就是有策略？錯！

企業界提到「策略」（strategy）時，幾乎都會搭配「計畫」（plan）之類的詞彙，例如「策略規畫」（strategic planning）流程，或是最後的產物「策略方案」（strategic plan）。從

「策略」到「計畫」的微妙轉換，代表著規畫是一種可行又令人放心的行動。

大部分企業的策略方案看起來都大同小異，通常包含三個主要部分。第一是願景或使命宣言，通常會設定一個崇高又令人嚮往的目標。第二是列出組織為實現目標將採取的行動清單，例如產品上市、拓展版圖、建設計畫。這個部分通常有條有理、巨細靡遺，清單的長度往往只受限於資源多寡。

至於第三部分，則是把行動方案轉化為財務數字。如此一來，計畫可以剛好銜接年度預算，成了預算的內容摘要之一，通常是預測為期五年的財務數字，以顯示其「策略性」。但管理高層往往只會投入一年，至於第二至第五年，「策略性」的實際意義就只剩下一個大致的印象了。

沒錯，這種做法有助於我們編出比較周全的預算，但我們還是不應把計畫與策略混為一談。計畫通常不會明確說出組織選擇不做什麼，以及為什麼不做；計畫也不會質疑這麼做對不對。只要公司的資源足以支應，任何行動都可以納入計畫之中。

誤把計畫當成策略，是企業常見的陷阱。就算是董事會成員，也很容易落入這種陷阱之中。畢竟，董事大都是由現任或前任管理者擔任，他們覺得監督公司做計畫，比鼓勵公司訂策略更務實。策略的重心，是長期目標，但股市分析師通常對計畫中描述的短期目標比較有興趣，他們之所以仔細研讀計畫，主要是為了評估企業是否達到季度目標，而不是長期目標。

舒適陷阱二：成本可以規畫，營收也可以規畫？錯！

當你把焦點放在計畫，自然就會有「成本導向」的思維。因為成本大致上是在公司掌控之下，所以很適合計畫。絕大部分的成本，其實是公司扮演顧客、提出需求的結果，例如公司需要雇用多少員工、需要租用多大的房產或土地、需要採購多少機器、需要打多少廣告等等。有時候，公司也可以像一般顧客那樣，決定停止購買某種商品或服務，所以像是遣散費或停工成本，也可以在公司的掌控中。

當然，也有例外。例如，為員工支付薪資稅，或提供法規遵循服務等等。但這些例外，其實反而讓我們看見另一個法則：外界強加在企業身上的成本，通常只占總成本的一小部分，而且這些成本大都源自公司的可控成本（例如，薪資稅只有在企業決定雇用員工時才需要支付）。

成本導向的思維，可以相對精準地訂出計畫，讓企業主管安心（所以是舒適的）。問題在於，喜歡制定計畫的管理者，常會把這種成本導向思維套用在營收的計畫上。在他們眼裡，制定營收與成本一樣，都是可以計畫的。於是他們煞費苦心逐一為每一個銷售人員、每一項產品、每一個銷售通路、每一個地區制定營收計畫。

而當實際營收跟當初計畫的數字出現落差，管理者便感到困惑，甚至覺得委屈。他們不禁納悶：「我們已經投入無數個小時來做計畫了，究竟還能做什麼？」

不像成本，營收不容易準確預測。原因很簡單：因為成本是公司決定的，而營收是顧客決定的。企業常會自欺欺人的認為，收入可以在自己的掌控中。但實際上除了少數獨占事業之外，大部分行業的顧客都可以自由地決定要向哪家公司購買，或是完全不買。

由於**營收既不可知也不可控，規畫營收、為營收編製預算、預測營收，都只是全憑印象的操作**。

當然，如果公司和顧客訂有長期合約，的確可以做短期的營收規畫。例如，對湯森路透社（Thomson Reuters）來說，每年營收絕大部分是來自多年的長期訂戶，唯一變數是新訂戶數與取消訂閱數的差額。同樣的，如果一家公司已經累積了很多訂單（例如波音飛機），也可以比較精確地預測營收。不過，光看波音 737 Max 經歷的種種波折，不難發現即使是「確定的訂單」，也不等於可以自動轉化為未來的營收。長期而言，所有營收都是由顧客掌控的。

舒適陷阱三：策略就是找出及建立「核心能力」？錯！

這種陷阱，可以說是最難提防的一種，就算成功避開前述兩個陷阱，你也可能落入這個陷阱。

通常多數高階管理者都會從一些制式架構中，挑一種來用。問題就出在，其中有兩種最熱門的架構，會讓他們只根據公司「能掌控」的東西來設計策略。

一九七八年，管理學教授亨利．明茲伯格（Henry Mintzberg）在《管理科學》（*Management Science*）期刊，發表了一篇頗具影響力的文章，介紹「應變型策略」（emergent strategy）的概念。後來，他在一九九四年出版的暢銷書《策略規畫的興衰》（*The Rise and Fall of Strategic Planning*）中，把這個概念介紹給非學術圈的商管書讀者，讓這個概念更加普及。明茲伯格的見解簡單有力，他區分了「計畫型策略」（deliberate strategy）和「應變型策略」。計畫型策略的意圖明確；應變型策略則與原始的意圖無關，是企業對各種意外事件的因應之道。

明茲伯格的見解，來自他觀察管理者的心得。他發現，管理者常高估自己預測未來與制定計畫的能力。藉由區分計畫型策略與應變型策略，他想鼓勵管理者仔細觀察環境的變化，跟著調整計畫型策略的走向。他警告，當競爭環境出現重大改變時，死守既定策略是非常危險的。

這些都是很明智的建議，但很可惜，多數管理者並沒有這樣做。相反的，他們相信策略會隨著事件發展而自然浮現，在未來變得夠明朗以前，做策略選擇是沒有意義的。發現了嗎？這樣的詮釋有多麼令人安心：我們不再需要對不可知與不可控的事情，做出充滿焦慮的決定了。

然而，只要稍微探究一下，就會發現其中存在一些危險的問題。如果未來不可預測又多變，以至於無法做策略選擇，那麼又是什麼因素讓管理者相信，未來有可能變得明朗呢？管理者要怎麼辨識，某個時點的可預測性已經夠高、變動性夠低，可以開始做策略選擇了呢？當然，這種說法是站不住腳的，因為任何時點都沒有人能確定未來是可預測的。

所以，應變型策略為管理者帶來一個方便的藉口，逃避棘手的策略選擇。看到別人做出成功選擇時，他們會「迅速跟進」，這一來就算有人批評他們，也可以躲在別人的背後。

然而，**採用跟競爭對手一樣的選擇，永遠不會產生獨特或有價值的優勢**。

就在明茲伯格提出「應變型策略」的六年後，經濟學家伯格・沃納菲爾特（Birger Wernerfelt）於一九八四年發表〈企業的資源觀〉（A Resource-Based View of the Firm）一文，提出另一種策略概念。這套「資源基礎觀點」（Resource-Based View，簡稱ＲＢＶ）的概念，直到一九九〇年，普哈拉（C.K. Prahalad）與蓋瑞・哈默爾（Gary Hamel）在《哈佛商業評論》發表該刊有史以來最多人閱讀的文章〈企業核心能力〉（The Core Competence of the Corporation）以後，才廣為管理者所熟知。

ＲＢＶ主張，企業競爭優勢的關鍵，在於擁有寶貴、稀有、不可模仿、無可取代的能力。對高階管理者而言，這個概念格外有吸引力，因為它似乎暗示，策略就是找出及建立「核心能力」或「策略能力」。注意，這正好又落入了可知又可控的範疇。任何公司都可以建立一支技術銷售團隊、軟體開發實驗室或配銷網絡，並宣稱這就是核心能力。高階管理者可以放心地投資這些能力，相信這些能力可以保證公司成功。

問題是：**能力本身，並無法吸引顧客購買。只有那些為特定客群創造優越價值的公司，**

才有可能吸引顧客購買。而顧客與環境，都是未知且無法掌控的，許多高階管理者於是常把焦點放在那些可以培養的能力上（因為那是確定的），當這些能力無法讓公司成功，他們就會歸咎於顧客的善變或競爭對手。

拒絕舒適圈誘惑，讓自己「適應焦慮」的三個方法

想要辨識哪些公司落入這些陷阱，方法其實很簡單（參見下文〈問問自己：你掉進「規畫舒適圈」了嗎？〉）。在這些公司裡，董事會往往對規畫者很放心，並花很多時間審查及批准規畫者提出的計畫。管理高層與董事會開會討論時，往往把焦點放在如何從現有營收中獲取更多利潤，而不是如何創造新營收。他們關注的主要指標，是財務與能力，至於那些與顧客滿意度或市占率有關的指標（尤其是市占率的變化），他們不太重視。

企業如何避開這些陷阱？由於這個問題的根源在於人性對於不安與恐懼會本能地厭棄，所以唯一的解方，是針對策略制定一套準則，讓你「適應焦慮」。這個解方，需要確保策略制定流程符合以下三個基本規則。遵守這些規則並不容易，因為舒適圈總是格外誘人，而且

遵守規則也不見得會得出成功的策略。話雖如此，但至少可以確保你不會得出糟糕的策略。

問問自己：你掉進「規畫舒適圈」了嗎？

可能是：你有一個大型的企業策略規畫團隊。

可能不是：你有企業策略小組，但規模很小。

可能是：除了利潤，你最重要的績效衡量指標是以成本和能力為依據。

可能不是：除了利潤，你最重要的績效衡量標準是顧客滿意度與市占率。

可能是：策略是由你的策略規畫人員負責提交給董事會。

可能不是：策略是由事業部門的高階管理者負責提交給董事會。

可能是：董事堅持看到策略會成功的證明，才會批准策略。

可能不是：董事要求詳細說明策略涉及的風險，才會批准策略。

規則一：策略簡潔扼要

把心力集中在會影響營收決策者（亦即顧客）的關鍵選擇上。如果你的價值主張優於競爭對手，顧客會決定花錢買你的產品或服務。有兩個選擇決定成敗：一是「目標市場」（鎖定什麼客群），二是「如何致勝」（如何為目標客群創造有吸引力的價值主張）。如果顧客不屬於公司鎖定的競爭市場或地區，他可能根本不知道你的公司提供什麼產品，也不知道產品的性質如何。如果公司確實能接觸到這個顧客，「如何致勝」的選擇，將會決定該顧客是否覺得產品的價值主張很誘人。

如果策略只需要做這兩個決定，就不必撰寫冗長而乏味的規畫文件。一家公司的策略選擇沒有理由不能用簡單的文字和概念，摘要地寫在一張紙上。把關鍵選擇界定為「目標市場」與「如何致勝」，可以讓討論切合實際，也比較可能讓管理者投入公司面臨的策略挑戰，而不是退回到策略規畫的舒適圈。

規則二：策略不求完美

前面提過，管理者會不自覺地認為，策略應該像成本規畫那樣精確又有預測性。換句話說，他們覺得策略應該近乎完美。但考慮到策略主要是關於營收而不是成本，完美是一個不可能達到的標準。所以，策略頂多只能提高公司下賭注的勝算。管理者必須接受這個事實，才不會對策略制定的流程畏畏縮縮。

為此，董事會與監管者應該強化（而不是削弱）「策略就是冒險」的概念。每次董事會詢問管理者是否對策略有把握，或監管者要求管理者證明策略制定流程很周全時，都會削弱實際的策略制定。儘管董事會與監管者可能希望世界是可知且可控的，但事實上並非如此。除非他們接受這個事實，否則得到的只會是計畫而不是策略，而且以後還會聽到很多有關營收不如預期的藉口。

規則三：邏輯要清楚

提高策略選擇的成功機率，唯一可靠的方法是測試你的思考邏輯：你的選擇若要合理，你對顧客、產業的演變、競爭及你的能力應該有什麼看法？寫下這些問題的答案很重要，因為我們的大腦先天會改寫歷史，並宣稱局勢發展一如事前規畫，而不記得原本做的策略賭注及為何要那樣做的原因。如果把策略邏輯記錄下來，然後與真實事件比對，管理者將能迅速看出，策略為何在某個時間點沒有產生預期的結果，並能夠據此做出必要的調整，就像明茲伯格所設想的那樣。此外，以嚴謹的方式觀察哪些做法有效、哪些無效，也可以幫管理者改善策略決策。

管理者應用這些規則時，可以降低對策略選擇的恐懼。這樣很好，但改善程度畢竟有限。如果公司對所做的選擇完全放心，有可能會錯過環境中的重要變化。我前面主張，規畫、成本管理及只關注能力，對策略制定者來說都是危險的陷阱。然而，這些活動還是不可少的，任何公司都不能忽視這些事。因為，如果策略是吸引顧客以提高營收的關鍵，那麼規畫、成本控制及能力就決定了公司能否以有利潤的價格獲得營收。然而，人性使然，規畫與其他活動始終會主導而不是輔助策略，除非刻意避免這種情況發生。如果你對公司的策略感到放心，很可能你沒有努力避開舒適圈的那些陷阱。

＊本章改寫自馬丁發表於《哈佛商業評論》的〈戳破策略規畫的謊話〉（The Big Lie of Strategic Planning）一文，二〇一四年一月／二月號。

第10堂 執行

誰說基層員工只能負責執行？不，他們也懂策略！

過去二十年來，「執行與策略是兩碼事」的概念，在管理思維中根深柢固。這個概念究竟從何而來還不確定，但二〇〇二年網路泡沫破滅後，如今擔任摩根大通（JPMorgan Chase）執行長的傑米．戴蒙（Jamie Dimon）表示：「我寧可要一流的執行與二流的策略，也不要出色的構想與平庸的管理。」同年，聯信公司（AlliedSignal）的前執行長賴利．包熙迪（Larry Bossidy）在暢銷書《執行力》（*Execution: The Discipline of Getting Things Done*）中宣稱：「策略之所以失敗，往往是因為執行不當。」

這種說法固然被普遍認同，卻存在嚴重缺陷，而且因為被普遍認同，也更沒人敢質疑其正確性。

關於執行，比較理想的看法是：**執行本身，就是策略**。你不能把執行與策略分開來談。正如我想在本章證明的，我們沒必要在「策略平庸但執行良好」及「策略出色但執行不當」之間二選一。覺得非二選一不可，這是有嚴重缺陷、狹隘又毫無助益的概念，會帶來意想不到的負面後果。但幸好，只要我們摒除這種錯誤的區分，就能改變結果。

基層懂的道理，高層未必懂！

很多人認為，策略是管理高層的事，他們在外部顧問的協助下制定策略，然後把策略交給組織裡的其他人去執行。

用人體來比喻，可以幫助我們理解這個流程：大腦（管理高層），負責思考與選擇；身體（組織），按照大腦的指示做事。

成功的行動是由兩個不同元素所組成：大腦的構思，以及身體的執行。在構思階段，大腦決定「我現在要拿起這把叉子」，接著，在執行階段，手盡責地拿起了叉子。手不負責選擇，只**做事**。這個流程是單向的：構思的大腦↓執行的手。手成了「別無選擇的執行者」。

神經學家可能會駁斥這種過度簡化大腦與身體關係（以及兩者之間運作的真實順序）的說法，但這個比喻很適合用來描述大家普遍接受的組織策略模式：策略是做選擇，而執行是做事。

想像你是某大銀行執行長，你和管理團隊制定了一套顧客策略，並把該策略傳到各分行，要求櫃員每天執行。櫃員是別無選擇的執行者，他們依循手冊學會如何待客、如何處理交易、推銷什麼產品、如何推銷。位居高層的你負責選擇方法，第一線員工完全不必選擇，他們只要照著指示做事就好了。

真的可以這樣嗎？我們來看一九八〇年代初期，我和一家大型銀行合作的經驗。當時，那家銀行正在檢討策略，而身為年輕的顧問，我要求跟在一位櫃員身邊貼近觀察，以便更了解銀行的作業。

他們指派我跟著瑪麗一起工作，瑪麗是該分行最資深的櫃員。觀察她幾個禮拜後，我開始看出瑪麗待客的模式：她面對某些客戶時，會表現得殷勤有禮，有效率又專業。面對某些客戶時，她會花較多的時間，或許會建議客人把支票存款帳戶裡的一些閒錢轉到利息較高的儲蓄帳戶，或推薦銀行新推的服務等等。面對另一些客戶時，則會詢問他們的孩子、假期或健康等事情，雖然比較少談銀行與理財，但交易還是可以在閒話家常中完成，只是花費的時間比其他客戶要長。顯然，瑪麗用了三種截然不同的方式來對待客戶。

過了一陣子，我私下問瑪麗，為什麼她會那樣做。她解釋：「客戶大致上可分三種，一種不喜歡來銀行辦事，他們來銀行時會希望處理完必要事務後（例如存款或轉帳）就盡快離開。他們希望我態度和善，但盡快處理交易。如果我想對他們提出理財建議，他們會直接說：『不需要！』」

「第二種客戶沒興趣把我當朋友，而是把我視為理財顧問，希望我幫他們注意帳戶的狀況。」瑪麗拉開抽屜，指著一組小型的檔案卡。「我幫這種客戶製作了小檔案，隨時掌握他們所有帳戶的最新狀況。這樣一來，我就可以提供具體的建議，因為這正是他們期望我做的事。如果我問起他們的孩子、關心他們的健康，他們會覺得我在浪費他們的時間，甚至覺得我侵犯他們的隱私。」

「最後一種客戶，來銀行是為了串門子，是一項重要的社交活動。他們來銀行有部分原因，是為了來看看他們最喜愛的櫃員。如果你注意看排隊的客人，會發現有些人會禮讓其他客人先辦，以便有更多時間和櫃員互動（我注意到，只有瑪麗的客人會這樣做）。對於這種客人，我必須處理他們的交易，也需要與他們閒話家常。如果不這樣做，就無法達到他們來銀行的所有目的，也會讓他們對我們的服務感到失望。」

聽完，我大為好奇，於是請瑪麗讓我看一下，櫃員手冊中哪裡有寫到她剛剛講的差異化服務模式。瑪麗突然不知所措，因為這些東西當然都不在手冊裡。她解釋：「這只是我自己嘗試的做法，盡可能讓客戶滿意。」

我追問她：「對於第二種客戶，你必須自己製作小檔案、彙整資料，這些照理說都是銀行系統可以提供的東西，為什麼你不和分行經理談談這三種顧客區隔，建議大家跟你一樣這麼做呢？」

瑪麗大概覺得我太雞婆了，突然不耐煩地回我：「我何必？我只是盡力做好自己的工作，上面的人不想聽櫃員的意見啦。」

在銀行高層眼中，瑪麗是一個執行者，只給了她一份手冊。手冊基本上要傳達的是：「交易最重要，親切友善地把交易做好就對了。」但她的親身經驗與觀察告訴她，情況並非如此。她知道銀行的終極目標是讓客戶滿意，所以她決定打造一套自己的客服模式，並確實執行。為此，她必須拒絕再做一個別無選擇的執行者。她決定在自己的權限內做選擇，而不是遵照櫃員手冊，只提供普通的服務。我可以說，她的決定就是一種策略性做法。

但瑪麗也很清楚，她無權影響銀行高層的決策。銀行原本可以從她的策略性見解中受益，卻錯失了這個機會。在我的職涯中，一再看到這種情況上演。管理高層最需要做的，是去和基層人員談一談，以了解實際的業務狀況，但管理高層很少意識到這一點，讓員工覺得沒有人會對他們的意見感興趣。

難怪很多員工安守本分，打卡上下班就好

策略與執行分離的模式，會讓高階管理者做起事來綁手綁腳，受制於董事會、股東、監管者，以及許多對他們發號施令的人。組織從上到下，每一層級的人都在限制與不確定下做出選擇。每當第一線員工回應顧客的要求時，他都在選擇如何代表公司——這個選擇與公司提供的基本價值主張直接相關（參見下文〈無人理會的提醒〉）。

既然我們無法在組織內畫一條線，明確區隔哪個層級以上負責制定策略，哪個層級以下負責執行，那麼區分策略與執行、區分構想與落實，又有什麼用呢？

我認為：這種區分毫無用處也毫無意義，對組織不僅毫無幫助，還會造成很大的傷害。某些情況下，員工會內化「別無選擇的執行者」角色，恪守規定，眼中只有白紙黑字的規範，因為那是上級的要求。他只想忠實地執行指示，而不是選擇對顧客最有利的行動。這限制了員工的選擇，把他變成了官僚。如果你曾經聽過「很抱歉，我也無能為力，這是公司政策」之類的話，或是打電話到海外客服中心，聽到客服人員只會照稿念出制式的回應，你就知道與這種別無選擇的官僚打交道有多痛苦。

無人理會的提醒

多數管理者已經很習慣把策略與執行視為兩碼事。策略與執行相互關聯，並不是什麼新概念。但顯然的，我們並沒有認真聆聽卓越的管理理論家肯尼斯・安德魯斯（Kenneth Andrews）的見解，他在一九七一年出版的《企業策略概念》（*The Concept of Corporate Strategy*）一書中，確立了策略制定與策略執行之間的區別。他寫道：「企業策略有兩個同樣重要的面向，兩者在實務上相互關聯，但我們為了研究這個概念而加以區分：其一是制定；其二是執行。」儘管他已經提醒大家，策略的制定與執行「在實務上相互關聯」，而且「同樣重要」，但四十年後，策略與執行理論還是刻意把兩者區分開來。現在是時候更深入探究這種扭曲的邏輯了。如果不這樣做，我們幾乎注定會失敗。

與此同時，管理者會被他們熟悉的「策略與執行分立」的模式所蒙蔽，使他們做出很抽象的選擇，並假設剩下的一切就只是簡單的執行。他們沒有認清，高層做出的選擇，最終會由上而下給全公司帶來連串的棘手選擇。如果員工做出正確的選擇，並有了出色的績效，管理高層會因為制定卓越的策略而獲得讚賞（他們通常也樂於居功）。相反的，萬一成效不佳（無論是因為管理高層做錯選擇，或員工做錯選擇，或是雙方都做錯），那幾乎一定是歸咎於執行不當。

至於員工，則無論如何都注定雙輸：績效好，沒功勞；績效不好，飽受指責。這造成一種無助感，而不是一起追求成功的共同責任感。難怪很多員工安守本分，打卡上下班就好，不會去思考怎麼做對公司與顧客更好。

這是一種惡性循環。員工覺得自己與公司的關係疏離，甚至不想和高階管理者分享客戶資料，於是，高階管理者不得不從外部管道（通常是聘請外面的顧問）取得做決策所需的資料。第一線的員工覺得高層做的決策令人費解、缺乏說服力，因為資料是外來的，於是，員工覺得自己和組織更疏離了，更加相信自己是在為白痴工作，就像《呆伯特》（*Dilbert*）漫畫中所嘲諷的那些最自以為是又討厭的管理行為。管理高層責怪第一線員工，第一線員工也怪罪管理階層，最後每個人都針鋒相對，好鬥不休。管理者強迫大家遵守片面又武斷的執行規則和作業方式，而第一線員工則刻意違背策略的精神，隱匿了有助於決策的資料。

在這種以自我為中心的冷漠世界裡，組織各層級之間無法培養關係，或者只能培養出毫無互信的關係。大家只會想著公司裡的其他人對自己的成功有什麼影響，不會思考自己可能對解決問題有什麼貢獻。最後，領導層往往會規畫出越來越複雜的策略，以及越來越嚴格的執行計畫，因此承擔了過多的成敗責任。中低階的管理者看到高層做那麼多，感覺自己無用武之地，也不再承擔責任。這些都是「策略與執行分立」這種主流模式難免要付出的代價。

組織中每一個階層，都是策略參與者

我們應該把公司想成一條湍急的河流，從上而下，層層流動。每一道激流，都是公司裡需要做選擇的地方，上游的每一個選擇，都會直接影響下游的選擇。公司高層做出更廣泛、更抽象的選擇，涉及更大、更長期的投資；而底層員工做出更具體的日常決定，直接影響顧客服務與滿意度。

在執行長那個層級，選擇可能很廣，例如：「我們該投入哪些事業？」執行長是在董事會、投資者、公司歷史及資源等因素的限制下，進行廣泛的諮詢與考量，然後做出選擇。

假設執行長決定公司應該大舉投資美國的一般銀行業務，事業部門總裁可能會問：「我們要如何在美國的銀行業務中取勝？」總裁這個層級的選擇，顯然受到上級選擇的限制。於是他決定，公司應該靠卓越的客戶服務，在銀行業務中勝出。從這裡開始，整個組織又會做出更多的選擇。各分行的執行副總裁可能會問：「我們需要培養怎樣的服務能力，才能持續提供卓越的客服？」如果答案包括讓客戶在分行輕鬆地互動，分行經理可能會問：「這對櫃員的招募與培訓，以及他們的班表安排，意味著什麼？」接著，分行的櫃員可能會問：「這一切對此時此刻在我面前的客戶來說，意味著什麼？」

一家大公司，從上到下可能有好幾個層級。為了讓決策流程發揮最大的效用，每個選擇都必須與其他選擇流暢地整合在一起。在這種模式中，公司應該鼓勵員工在上級決策的範圍內，做出深思熟慮的選擇。這種方法是基於以下的信念：授權員工在自己的領域裡做選擇，可以得到更好的結果、更開心的客戶，以及更滿意的員工。

這種「選擇層層而下」（choice-cascade）的模式，不像「策略與執行分立」的模式那麼普遍，但世界上一些最成功的公司都默默在採用這種模式。以第八章提過的全球頂級連鎖旅館業者四季酒店為例，董事長兼執行長伊薩多・夏普很早就決定，以新的奢華定義來建立連鎖旅館。他說，他決定「把奢華享受重新定義為服務，讓客人獲得如居家與辦公室的體貼支援」。

當然，問題在於如何讓各層級的員工做出落實這個目標的選擇。傳統上，旅館員工薪資很低，資方覺得他們待不久，並可輕易取代。多數連鎖旅館把員工視為別無選擇的執行者，他們明確告訴員工該做什麼事、何時做、怎麼做，並像老鷹一樣時刻盯著。但這種「別無選擇的執行者」模式無法實現夏普的願景，他需要每個員工，從房務人員、泊車人員、櫃檯人員到旅館經理，都做出必要的選擇，為客人營造舒適、熱情的支援系統。要製作一本巨細靡遺的員工手冊，詳述如何建立他想像的支援系統，是不可能的。所以，夏普構思了一套簡單易懂的情境條件，讓員工可以做出明智的選擇。在四季酒店，每個人的目標都是「你希望別人怎麼待你，你就怎麼待人，無論對方是夥伴、客戶、同事或任何人」。

夏普和多數人一樣，幼時就學到「推己及人」這條黃金法則。這法則後來證實是威力強大的工具，在夏普選擇的情境條件中，讓四季酒店的層層選擇都能相互配合。如果四季酒店的客人有任何不滿，每個員工都有權以他自認最合理的方式來解決問題，並以員工自己希望得到的關懷方式來對待客人。而夏普也言行一致，以他希望別人對待他的方式，以及他希望客人獲得對待的方式，來對待員工。他說，他的做法是，「像關注客人的投訴那樣去關注員工的投訴；每次旅館升級時，也一起升級員工設施；餐廳和停車場不做階級差別；權責下放，鼓勵自律；提高績效標準，要求員工負責。最重要的是，堅守我們的信條：創造信任。」

簡言之，他之所以能做到這點，是因為他讓員工做選擇。效果很顯著，二〇一九年，四季酒店連續二十二年榮登《財星》百大最佳雇主排行榜，而且是該榜單推出以來，年年上榜的八家公司之一。此外，四季酒店也在市調機構君迪（J.D. Power and Associates）發布的年度旅館客人滿意度指數中高居榜首，還是《康泰納仕旅遊者》（*Condé Nast Traveler*）雜誌「讀者票選獎」的常勝軍。

當然，賦予員工選擇的權力，需要一些鼓勵才會發生。像夏普這樣的領導者，會努力營造一種環境，讓那些層級較低的員工都能了解高層做了哪些選擇，以及做這些選擇的理由。高層也必須準備好與下面各層級討論下層的選擇，但不主導討論。如果領導者能讓部屬清楚知道，下層的選擇不僅會影響他們自己，還會反過來影響上層的決策，這種做法會變得更有可信度（參見下文〈層層做出更好的選擇〉）。

層層做出更好的選擇

在「策略與執行分立」的模式中，領導者制定策略，並期望下屬照章行事。「層層選擇」的模式則不同，它是高層賦予下屬權力，讓他們視遇到的情況，運用自己的最佳判斷來做選擇。但為了讓個人有效地做出選擇，「上游」的決策者必須為「下游」的決策者營造環境。每個層級的決策者都可以透過四種方式，協助下層的員工做更好的選擇。

1解釋已經做出的選擇及其理由。我們常誤以為，因為我們很清楚自己的決策理由，所以別人也應該明白我們為什麼那麼做。我們需要花時間說明我們所做的選擇及其背後的理由和假設，同時讓下面的人有機會發問。只有在直屬員工了解你的選擇及背後理由後，他們才會覺得自己有所選擇，不會受到人為的限制。

2清楚確認下層的選擇。我們必須清楚指出我們看到的下層選擇，並與下層討論，以確保這個流程感覺像是整個組織一起做出來的。上層必須指引下層，而不是放任他們盲目做決策。

3必要時協助下層做選擇。身為上司的職責之一，就是在下屬需要時，協助他們做選擇。至於協助的程度則因情況而異，但在過程中，上司應該真誠地表達出協助的意願。

4 根據下層的意見回饋，檢討及修改選擇。在下層做出選擇並產生結果之前，我們永遠不知道上層的選擇是否完善。因此，上司應該表明他的選擇是可以重新考慮與檢討的。

身為主管，要常常問自己：「如果我是下屬，我會怎麼想？」

前述「層層選擇」模式本身，就有一種正向強化的良性循環。由於上層重視下層的選擇，也鼓勵下層提出意見回饋，整個架構讓員工可以把資訊傳回上層，從而改善上層決策者的知識庫，並讓組織中的每個人都能做出更好的選擇。現在，員工不僅是組織的手腳，也是組織的大腦，既是選擇者，也是執行者。員工會覺得自己可以有所選擇，整個組織因此變得更好。

這不是什麼新概念。管理思想界的先驅已經談員工授權數十年了，既然授權的概念早就出現，為什麼還有那麼多人認為執行才是最重要的？

一個可能的答案是，這些人的公司在授權方面做得很糟。如果這是唯一問題，他們只要賦予員工更多權力就能解決了（換句話說，就是套用同樣的舊理論，只是更認真的執行）。

但這不是真正的授權，而是高層試圖逼員工接受他們的想法。上層制定策略時，會與變革管理顧問合作，以判斷如何讓員工接受他們的策略。他們舉辦研討會，努力做簡報，試圖說服下屬熱切地接納他們挑選的策略，並像別無選擇的執行者那樣，完完全全照著他們的意思執行。

那些一心只想讓下屬接受其策略的高層管理者，通常不會自問：「如果我是下屬，我會怎麼想？」他們要是這樣自問，可能就會意識到自己的做法有多麼惹人厭。這違背了四季酒店「推己及人」的黃金法則。員工不喜歡上司強迫推銷策略的方式，因為那刻意把策略與執行區分開來。上層期待的是員工乖乖坐著聆聽，並假裝自己很喜歡被當成別無選擇的執行者，但員工知道，這個「絕妙」的策略及伴隨而來的強迫推銷流程若要成功，必須採取別的做法。一如既往，上層的理論，以及他們根據那些理論所做出來的決策，限制了下層的經驗。在這種情況下，上層的理論把公司分為選擇者與別無選擇的執行者，這也使得授權員工成了一種假象。

*本章改寫自馬丁發表於《哈佛商業評論》的〈有策略的執行者〉（The Execution Trap）一文，二〇一〇年七月／八月號。

第11堂 人才

讓每一個員工，都覺得自己獨一無二。

在傳統的創業模式中，有才華又有遠見的企業家借入資本、雇用人力、採購原物料，來創造產品或服務。如果他們的事業成功了，所創造的價值超過了製造產品或服務的成本，他們自己會成為資本家，把創造的獲利再拿去投資（或抵押貸款），擴大事業規模。

隨著十九世紀末資本市場的擴張，這種模式漸漸發生了變化。業主更容易取得外部資本用於發展事業，創業模式逐漸轉變成另一種模式：專業經理人成了資本提供者的代理人。在二十世紀的大部分時間裡，這種模式的特徵之一是「衝突」：代表資方利益的管理者與代表勞方的工會，對於企業創造的價值該如何在勞資雙方之間分享，發生了爭執。

一九七〇年代，這種模式又進一步演變。首先，人們越來越意識到，投資者和管理者的利益可能有衝突，這為股權型薪酬提供了立論基礎，以追求雙方利益的一致。與此同時，人們也越來越認識到管理者的專業與技能在價值創造過程中的重要性。這意味著，公司開始爭相聘雇管理者與其他專業人士，例如科學家與程式設計師，一般認為他們擁有企業成功所需要的獨特才華。因此，過去四十年間，這些專業人才從他們管理的企業所創造的價值中，分到越來越大的比例，而資本提供者所分到的比例則越來越小。

讓員工覺得自己備受重視

在談判過程中，專業人才占很大的優勢，這是因為大家普遍認為，他們與多數勞動力不同，是無法替代的，而且他們的工作，顯然不是任何人都能做的。這種需要獨特才華的工作，價值取決於**誰**來做。電影製作人用茱莉亞・羅勃茲（Julia Roberts）的替身，當然也可以拍出一部電影，但這不會是茱莉亞・羅勃茲的電影。缺了超級四分衛艾倫・羅傑斯（Aaron Rodgers），美式足球綠灣包裝工隊（Green Bay Packers）仍然可以照樣開賽，但少了他，球隊就不得不採用不同的進攻方式。一家藥廠若是失去明星科學家，就需要改變研發計畫。避險基金若是失去了投資大師，就需要改變投資策略。

隨著世界進入知識經濟時代，擁有知識與技能的人變得格外有權勢——無論他們是公司高管、研究科學家、金融工程師、資金經理、藝術家、運動員，還是名人。雖然過去四十年，許多領域裡專業人才的收入暴漲，但都比不上高階管理者獲取價值的能力：史蒂夫・鮑爾默（Steve Ballmer）在擔任比爾・蓋茲第一任事業經理人期間，賺進了比爾・蓋茲九百六十億美元身家的絕大部分。艾力克・施密特（Eric Schmidt）的一百九十億美元淨資產，來自他職掌Google十年的所得。梅格・惠特曼（Meg Whitman）的六十四億美元淨資產，來自擔任eBay執行長的十年所得。

不過在與許多真正頂尖人才共事的這四十年來，我從來沒遇過一個真正有才華的人，只在乎薪水高低。所以，我想提出另一種關於人才的思考模式：**讓員工感覺自己很特別，比給他很高的薪水更重要**。我將在本章中提到，在管理高階人才方面，成功的關鍵在於讓他們覺得自己是備受重視的個人，而不是某群體的成員，無論那個群體有多麼出類拔萃。

我們就從賈爾斯的故事談起吧。

有才華的人，不喜歡被歸類

三十年前，我擔任策略顧問公司摩立特（Monitor Company）的共同負責人時，公司有十幾位全球客戶經理（global account managers, GAM），賈爾斯是其中一顆冉冉升起的明日之星。他來找我，說他想為妻子與第一個孩子請陪產假。如今請陪產假是很常見的要求，但三十年前比較罕見。我馬上回他：「沒問題，你是GAM，到了這個層級，你幾乎可以做任何想做的事，你要休多久都可以。」

他應了一聲「好」後，悶悶不樂地走開了。我很訝異，他提出要求，我一口就答應下來了，他有什麼問題嗎？後來我終於明白，他不想被視為某個群體的成員，即使那是公司裡備受重視的GAM也一樣。畢竟GAM有十幾位，而賈爾斯只有一個。他想被當成一個獨立的個體看待，他想聽到的是：「我們在乎你，也在乎你的需要。如果陪產假對你來說特別重要，我們百分之百支持你。」

雖然結果都一樣——不受限制的陪產假——但情感上的影響卻大不相同。他不會覺得自己只是某個群體中的一員，而是覺得自己很特別，獨一無二。

在賈爾斯的事之後，我看到同樣的情況一再上演。例如，由於籃球明星麥可·喬丹（Michael Jordan）需要覺得自己很特別，所以他有一套自己的規則，導致一些隊友相當吃味。這也是搖滾樂隊范海倫（Van Halen）堅持，他們休息室的糖果盆裡一定要拿掉棕色M&M巧克力的原因。這是被寵壞的臭小子在耍脾氣嗎？我相信耍脾氣的成分是有一點，但不是主要原因。

像喬丹那樣的人，終其一生都在努力成為獨一無二的人。他們的表現超越其他人，他們的準備比別人更充分，付出得更多。他們追求成就的方式，容易招致失敗。他們給自己設下更高的標準；他們接受崇高榮耀所帶來的更大壓力。這就是賈爾斯當時悶悶不樂的原因，畢竟他如此賣力工作，想在群體中脫穎而出，卻被當成GAM之一看待（儘管我們每年雇用數十位名校畢業的企管碩士，他們都夢想有朝一日能成為公司的GAM）。

像賈爾斯那樣的人，不僅僅是在為你工作。他們創造的成果，只有他們能做到。一旦他們消失，這些成果將不再出現。你不能把賈爾斯這種有才華的人歸成一類，還指望他們能感到開心。你必須為他們創造出獨特的類別，即使這需要調整組織的其他部分，也在所不惜。如果你不這樣做，你和你的明星員工都會覺得很痛苦。美式足球聯盟（NFL）的球星艾倫．羅傑斯就是一個很好的例子。

我關懷隊友的方式、我在更衣室出現的方式，你看到了嗎？

在美式足球聯盟中，四分衛這個位置無疑是球隊勝出的關鍵。羅傑斯為綠灣包裝工隊效力十七年後，締造了出色的四分衛生涯，成為ＮＦＬ史上最出色的四分衛之一。他已經創下史上第五多的達陣得分。傳球者評分（passer rating）是衡量四分衛績效最全面的指標，羅傑斯的職涯傳球者評分，是ＮＦＬ史上首發逾五年的四分衛中最高的。他是贏家，曾在二〇一一年帶領包裝工隊，贏得十四年來首次的超級盃冠軍，並獲選為超級盃的最有價值球員（ＭＶＰ）。他曾三度獲選ＮＦＬ的ＭＶＰ，在ＮＦＬ歷史上與另一人並列第二。

與羅傑斯精英地位相稱的是，綠灣包裝工隊兩度讓羅傑斯成為ＮＦＬ收入最高的球員。第一次是二〇一三年以一．一億美元續約五年（二〇一五至二〇一九年），第二次是二〇一八年以一．三四億美元續約四年（二〇二〇年至二〇二三年）。薪酬不是問題，多年來，包裝工隊一直以足球界最好的球員來付給羅傑斯薪酬，而羅傑斯回報的方式，是成為球隊的超級代言人。

但在二〇二〇年四月的NFL選秀上，包裝工隊的總經理布萊恩・古特昆斯特（Brian Gutekunst）在交易中，選了羅傑斯的潛在接班人：四分衛喬丹・樂福（Jordan Love），而不是挑選能為羅傑斯提供更多進攻力的接球員。據所有的相關人士透露，古特昆斯特事前並未與羅傑斯討論過他的打算。足球媒體繼續質疑，羅傑斯的接球員陣容薄弱的問題，尤其在二〇二〇年的選秀中，包裝工隊連一位接球員都沒選。二〇二〇年九月三日，羅傑斯受訪時熱切地提到包括傑克・庫梅羅（Jake Kumerow）在內的四名頂尖接球員。九月四日，古特昆斯特就裁掉了庫梅羅，庫梅羅立刻就被水牛城比爾隊（Buffalo Bills）接走了。兩個月後，有人問羅傑斯，包裝工隊在交易截止日前簽下一個接球員的可能性，他回答：「我真的了解我的角色，我不會再挺任何人了。上次我挺一位球員，結果他去了水牛城。」

羅傑斯那個賽季獲選為MVP，並帶領包裝工隊進入國家美式足球聯會（National Football Conference, NFC）的冠軍賽。當比賽只剩兩分零九秒時，他的教練決定不爭取平局觸地得分。這個決定，把另一位超級四分衛湯姆・布萊迪（Tom Brady）率領的坦帕灣海盜隊（Tampa Bay Buccaneers）送進了超級盃，並贏得了冠軍。

二〇二一年四月下旬，羅傑斯決定不回包裝工隊的消息開始流傳開來。儘管羅傑斯沒有證實這個傳聞，但五月的一次訪談中，記者追問他這件事時，他一再提到他與包裝工隊的管理階層之間有「人際問題」。後來，他缺席了大部分正常的季前賽活動，包括大部分的訓練營。最終他與球隊達成歸隊的協議，但條件是合約義務削減一年，讓他在二〇二二年賽季結束後，以自由球員的身分離開。在超級球星的職涯顛峰縮短合約，絕對不是一支球隊想做的事。

在歸隊後的記者會上，羅傑斯終於透露了他不滿的源頭：

> 球隊認為我的職責就只是打球。在我看來，根據我在這個聯盟締造的成就、我關懷隊友的方式、我在更衣室出現的方式、我領導球隊的方式、我在社群中的言行舉止，都應該有資格獲得更多的重視。
>
> **對多數人來說，規則是不變的，但偶爾會出現一些異數，例如為球隊效力十七年的人，幾次獲選為MVP，這種人應該可以參與更高層次的對話。**我所要求的，並不是過去數十年來其他出色的四分衛從未得過的。我只是要求參與對話的機會，所以如果你想根據

績效裁掉一人，而這個人在去年大部分由我負責的訓練營中，是表現第二好的接球員，你覺得我會有什麼感受？我未必可以讓你改變主意，但至少，參與對話可以讓人覺得自己很重要、有受到尊重。

雖然羅傑斯沒有提到布萊迪的名字，但很難想像他沒有想到布萊迪的二〇二〇年賽季。布萊迪為新英格蘭愛國者隊（New England Patriots）效力二十年，締造了傳奇職涯後，去了坦帕灣海盜隊。坦帕灣海盜隊與包裝工隊不同的是，他們已經近二十年沒打進冠軍賽了，但布萊迪帶領海盜隊贏得了超級盃的冠軍。過程中，布萊迪說服球隊簽下他長期以來最喜歡的邊鋒羅布・格隆考夫斯基（Rob Gronkowski），以及接球員安東尼奧・布朗（Antonio Brown）。布萊迪說服已經退休的格隆考夫斯基復出。評價兩極但極具天賦的布朗，曾在愛國者隊擔任接球員一小段時間，並與布萊迪培養了絕佳的默契。

考慮到NFC冠軍賽的失利，不難想像，包裝工隊之所以在這場勢均力敵的比賽中落敗，是因為布萊迪的球隊提供他想要的進攻武器，而包裝工隊拒絕把羅傑斯第二喜歡的接球員蘭德爾・科布（Randall Cobb）找回來。科布在二〇一八年賽季（他在包裝工隊的第八個賽季）之後沒有拿到合約，二〇二〇年轉而為休斯頓效力。或許不意外的是，羅傑斯決定重返球隊時，球隊也宣布簽下科布二〇二一年賽季的合約。但目前的預期是，在二〇二一年賽季的尾聲，或最遲在二〇二二年賽季，羅傑斯將與他唯一效力過的NFL球隊結束關係。

這位老將正在反擊。二〇一七年，休士頓德州人隊（Texans）的老闆鮑勃・麥奈爾（Bob McNair），因為抱怨現代的NFL是「囚犯管理監獄」而引發了爭議及球員憤怒。在二〇二一年五月的一次訪談中，曾於一九九一年到二〇〇〇年擔任包裝工隊總經理的朗・沃爾夫（Ron Wolf），把明星四分衛稱為「天后」（divas），並且說：「在我那個年代，他們是被雇來打四分衛的位置。這就是付給他們錢的目的，也是他們拿了錢該做的事，但現在這些人還想挑教練、挑隊友。」

持平而論，沒有人指控羅傑斯要求挑教練或挑隊友，不過，他確實要求，球隊不要把他當成一般球員看待。最遲在二〇二二年，包裝工隊將會清楚看到，球隊決定把羅傑斯視同一般球員的後果*。

管理的挑戰：讓他們感覺特別，但不讓他們掌權

給明星員工特殊待遇，確實有風險。如果每個自認是明星員工的管理者，都想在每次的決策裡發表意見，混亂可能隨之而來。所以，如果你想管理一支天才團隊，你必須想辦法讓他們感覺自己很特別，但又不讓他們掌權。其實，這比你所想的還容易做到，因為感覺特別與掌權是不一樣的。事實上，有才華的人往往不想掌權。我們回頭來看賈爾斯的例子，他並不想負責決定休假的政策。如果我回應時，用字遣詞更注意到他的需求，就可以讓他感覺自己是特別的，又不用讓他負責任何事情。他需要感受到，我身為管理階層是看重他這個人，而不是只把他當成另一個GAM看待。

當你思考如何讓你看重的明星員工感覺自己很特別時，可以堅守以下三個「絕對不要做」的禁忌。

＊編按：羅傑斯目前效力於紐約噴射機隊（New York Jets）。

一、不要漠視他們的想法

優秀人才會投入大量精力與情感來發展技能，好讓自己做到最好。同樣的，他們也想知道，如何運用及精進那些技能。羅傑斯對包裝工隊的不滿主要在於，在決定他是否能帶領球隊贏得下一場超級盃冠軍的關鍵決策上，他沒有發言權。

再來看看企業家袁征（Eric Yuan）的例子。當初他申請美國簽證連續八次被拒，第九次申請成功後才赴美工作。為了能在視訊會議公司 Webex 找到工作，他還需要先克服英語不夠好的障礙。他進入 Webex 後，表現出色，協助 Webex 成為頂尖的視訊會議平台，並在科技巨擘思科系統（Cisco Systems）收購 Webex 後，出任工程副總裁。袁征認為，以智慧型手機開視訊會議的需求，對 Webex 既是威脅，也是機會。二〇一〇年，他向思科／Webex 提議重新改寫 Webex 平台，以便在智慧型手機上使用。袁征表示，思科／Webex 否決了該提議。不到一年後，他離職創辦了科技公司 Zoom。後來 Zoom 取代 Webex，成為主導市場的視訊會議應用程式，幾乎沒有人給 Webex 機會，讓它東山再起成為合格的競爭者。

對於頂尖人才的建言，你一定得照單全收嗎？當然不是，那樣做只會帶來混亂。但你必須明白，頂尖人才不喜歡遭到漠視。而且，他們總是有別的選擇，那些選擇可能對你造成嚴重或甚至是致命的傷害。

二、不要阻礙他們發展

優秀人才為了發展才華做了許多投資，所以他們對於才華的運用方式非常敏感。如果他感覺自己晉升的道路受阻，被要求等候下次的升遷或機會時，就會跳槽到一個不會阻礙他前進的地方。決定何時提供什麼機會，以及何時不給機會，需要謹慎的判斷。萬一優秀人才失敗了，他也可能怪你讓他承擔太多的任務，超出負荷。想要獲得優秀人才的忠誠，你要做的是提供他們機會，讓他們以自己的方式不斷成長與學習，卻又不至於阻礙其成功。

有時，這意味著你需要與人力資源部門抗爭，因為人力資源部門往往希望對員工一視同仁，並把機會限制在僵化的時間範圍內。我還記得，之前我想派一位資歷較淺的顧問，去負責一個重大的專案並擔任資深職務，結果遭到人力配置主管的強烈反對。人力配置主管告訴我，他還不夠資深，而且這樣做也對其他更資深的同事不公平。我說，以後我會為這次略過的人才尋找更適合的案子，並承諾萬一這次指派的顧問引發任何麻煩，我會負起全責。所幸，最後的結果是好的，也把那位年輕的顧問推升到了更高的位置，以後再也不會有人質疑他是否適任了。

以袁征的例子來說，他的想法被駁回及前進之路受阻的雙重打擊，確保了思科／Webex將失去這個重要人才，並創造出一個致命的競爭對手。對於當初為何決定放棄高薪的高管工作，去創辦一家高風險的新創公司，他解釋道：「我別無選擇，只能離開，從頭開始打造一套新的解決方案。」如果你阻礙人才的進步，那個人才絕對會自己突破障礙。

三、不要錯過讚揚他們的機會

根據我的經驗，真正優秀的明星員工很少會要求表揚，至少不會直接提出這種要求。由於一流人才本身就充滿幹勁，又有強烈的內在動機，我們很容易以為他們不需要太多的讚美，也對別人的讚美無感。但事實正好相反，有才華的人幾乎把所有時間都花在真正困難的事情上，也因此經常冒著失敗的風險，親嘗過失敗的滋味。正因如此，他們需要得到肯定，否則會開始忿恨、不滿或沮喪，而與組織日漸疏遠。

面對這種人才，你的挑戰在於發現他們何時需要肯定，並以個人化的方式傳達——也就是說，你對他的讚美，只適用在他身上，不適用在別人身上。比方說，年終時你對他說：

「你今年做得很好。」他會覺得這種籠統的讚美不是正面的評語，就算這讚美伴隨著一筆可觀的獎金也沒有用。你需要把讚美和具體的成就連結在一起，並肯定他表現得更好了。

我在羅特曼管理學院擔任院長時，院內有許多傑出的教授，但能為學院的全球聲譽帶來很大影響的教授並不多。只要我聽到他們的事蹟（例如，在媒體上發表文章獲得熱烈回響、獲得學生的讚賞，或指導的博士生有所進展），一定都會表示祝賀或讚許。

正因如此，當有位教授朋友轉寄一封電郵給我時，我不禁皺起了眉頭。朋友在某大學的商學院任教，那封信是商學院的院長回給他的，內容是關於商務艙差旅費的批准。該商學院規定，教授不能搭商務艙出差，除非得到院長的一次性批准。我的朋友是那所學院的知名教授，最近剛動了心臟手術。他寫信給院長，說醫生禁止他洲際旅行時搭經濟艙。他在電郵中解釋，他需要去歐洲參加一場學術會議，以領取其學術領域的終身成就獎。

這封郵件不需要細讀，也知道其言下之意是：「嘿，院長，你可能不知道我動了心臟手術，儘管如此，我已經康復，又可以代表我們學院了，而且我剛剛獲得我這個研究領域最負盛名的獎項。」

院長是怎麼回應的呢？只有一個字：「准！」而不是：「天啊，我完全不知道你動了手術。幸好你康復了，真是謝天謝地。得知你的學術生涯再添新獎，我真為你感到高興，也為本院感到驕傲。你提出的申請，我當然同意。我也會讓媒體公關部門知道這個獎項，讓他們在頒獎那天發新聞稿。祝你旅途愉快，再次感謝你為本院的聲望所做的一切。」

朋友會轉寄這封電郵給我，潛台詞我再清楚不過了：「我這個人從來不會要求表揚，但你看那個回應有多冷漠無情。我敢打賭，你當院長從來沒這樣做過吧。」那位院長在人才管理上犯了致命的錯誤嗎？我覺得應該不算。但，我的朋友下次有多大可能主動去協助那位院長完成他待辦清單上的事呢？可能性應該不大。寫一封實用的人才管理電郵需要花多少時間？不到五分鐘。

現代經濟對人才管理的要求，可能令人望而生畏。組織需要為優秀人才付出龐大的成本，並可能削弱人才導向組織的運作能力。如果你想仰賴頂尖人才來創造出色的組織績效，就必須把他們當成獨特的個體看待。不要漠視他們的想法，不要阻礙他們的發展，也不要在他們成功時，錯過讚美他們的機會。

＊本章擴寫自馬丁發表於《哈佛商業評論》的〈高薪無可取代的留才祕訣〉（The Real Secret to Retaining Talent）一文，二〇二二年三月／四月號。

第 12 堂　創新

幫助創新者把想像的新世界，
變成真實的未來。

古往今來，設計大都應用在**實體物件**上，例如雷蒙德・洛威（Raymond Loewy）設計火車、法蘭克・洛伊・萊特（Frank Lloyd Wright）設計房子、查爾斯・伊姆斯（Charles Eames）設計家具、可可・香奈兒（Coco Chanel）設計高級時裝、保羅・蘭德（Paul Rand）設計商標，大衛・凱利（David Kelley）設計產品，包括最有名的蘋果電腦滑鼠。

當公司發現精巧實用的設計是許多商品熱賣的關鍵後，開始把設計應用在越來越多的情境中。聘請設計師來設計硬體的高科技公司（例如，為智慧型手機設計外觀與介面），開始要求設計師為使用者介面軟體設計外觀與感覺，接著設計師也被要求幫忙改善用戶體驗。很快的，公司連制定企業策略，都視為一種設計工作。如今，設計甚至被用於幫助多種利害關係人與組織改善整體運作。

這是智慧進步的典型歷程。每一個設計流程，都比前一個流程更複雜、更精密。每一個新流程，都是源自於上一個階段的學習。設計師可以輕易地轉變思考模式，去為軟體設計圖形使用者介面（graphical user interface），因為他們有設計用來執行軟體的硬體經驗。在為電腦用戶塑造過更好的體驗後，設計師更容易去設計一些非數位的體驗，例如患者去醫院就診。一旦他們明白如何重新設計某個組織的用戶體驗，就更懂得如何解決一個組織系統的整體體驗。

隨著設計的應用越來越廣，不再局限於產品領域，設計工具也跟著調整，並擴展到一個獨特的新學科：設計思維。

諾貝爾經濟學獎得主赫伯．賽蒙（Herbert Simon）於一九六九年出版的經典著作《人工科學》（*The Sciences of the Artificial*），可說是這一切的源起。書中把設計視為一種「思維方式」，而不只是一種具體流程。理查．布坎南（Richard Buchanan）在一九九二年發表的文章〈設計思維中的棘手難題〉（Wicked Problems in Design Thinking）裡，提出一個開創性的見解，主張用設計來解決特別難纏的挑戰。

但是，隨著設計流程日益複雜，新的障礙出現了：利害關係人對「設計製品」（designed artifact）的接納程度（這裡所謂的「設計製品」，可以是產品、用戶體驗、策略或複雜的系統）。這也讓我想到一個關於創新的重要思考模式：**如何設計「介入」，與如何創新一樣重要**。在本章中，我會說明這個新挑戰，並示範如何把設計思維應用到創新流程中，以幫助創新者把他們想像的新世界變成現實。

每一次創新，都會帶來預期之外的連鎖效應

一般認為，推出的新品最好能與公司的其他產品相似。例如在汽車業，可以推出既有車款的油電混合車。因為這樣可以創造新收入，對公司幾乎不會有什麼負面影響。新款的油電混合車對公司或員工原本的工作方式，不會造成什麼實質的改變，其設計本質上也不會威脅到任何人的工作，不會威脅到既有的權力架構。

當然，推出新品總是有未知數，新款的油電混合車可能乏人問津，那不僅代價高昂，也

很尷尬。新品也可能導致旗下其他車款逐漸遭到淘汰，讓喜歡舊車款的人感到苦惱等等。但設計師通常不太關注這些問題，他的任務是設計一款真正卓越的新車，至於新車衍生的連鎖效應，留給其他人（例如行銷或人力資源部門）去面對。

當設計製品越複雜、越不具體，設計師就越難忽視新品可能造成的連鎖效應，甚至連商業模式本身可能也需要改變。這意味著，推出新品時，需要非常關注設計。

舉例來說，二〇一二年左右，萬通保險（MassMutual）想尋找創新的方法，來說服未滿四十歲的人購買壽險，這個客群向來特別難推銷。一般做法是設計一種特殊的壽險產品，並以傳統方式行銷，但萬通認為這樣做不太可能成功。於是，他們與創新設計公司 IDEO 合作，設計一種全新的顧客體驗，主要焦點是更廣泛地教育大家了解長期的財務規畫。

二〇一四年十月，萬通推出「成人社會」（Society of Grownups）課程，這套課程不採純粹線上課程模式，而是一種多元體驗，包括：提供先進數位預算編列與理財工具；設立教室與圖書館讓顧客使用；推出一套多元的課程，從投資 401(k) 退休計畫到購買超值的葡萄酒等一應俱全。這種做法徹底顛覆了這家保險公司的規範和流程，因為它不只需要一個新品牌和新的數位工具，也需要新的運作方式。事實上，這家保險公司的各個環節都必須為這種新服務重新設計。隨著萬通越來越了解參與者的需求，新服務將會持續演進。

涉及到非常複雜的設計製品時（例如整個商業生態系統），整合新設計的問題又變得更大了。例如，自駕車的成功上市，需要汽車製造商、技術供應商、監管當局、市政府與中央政府、服務公司及最終用戶（車主）以新的方式一起合作，展現新的行為。保險公司如何與製造商及車主合作，以分析風險呢？在保護隱私的同時，如何分享自駕車收集到的資料以管理交通流量？

這種規模的新設計令人望而生畏，難怪許多創新策略與系統後來都束之高閣，從未實現。不過，如果你把大規模的改變視為兩個同時並行的挑戰——製品本身的設計，以及實現那個設計製品的「介入」設計——那就可以提升實現的機率。

「介入設計」：更深入了解使用者，不是只看統計數據

所謂介入設計（intervention design），是從反覆的原型製作過程中自然產生的。設計流程中納入反覆的原型製作，是為了更了解及預測顧客對新品的反應。在傳統做法中，產品開

發人員一開始會先研究使用者，並提出產品概要。接著，他們努力創造出優異的設計，讓公司推出上市。在 IDEO 推廣的設計導向的做法中，了解使用者的工作是更深入、更偏向人文面的，不是只看量化與統計數據而已。

最初，這是新舊方法之間的明顯區別，但 IDEO 後來發現，無論一開始對使用者的了解有多深入，設計師還是無法真正預測使用者對最終產品的反應。所以，IDEO 的設計師更早把使用者納入設計流程，讓使用者看解析度很低的原型，以便獲得初期的意見回饋。接著，他們在很短的週期內，不斷重複這個過程，持續改進產品，直到使用者滿意為止。當 IDEO 的客戶實際推出產品時，幾乎一定會成功——這種現象，促使快速原型製作成了最佳實務。

事實證明，快速反覆的原型製作，不只是改善設計製品而已，也是獲得資金、讓公司同意推出新品上市的有效方法。新產品，尤其是比較革命性的產品，向來需要管理高層批准，公司才會押下重要的賭注。

對未知的恐懼，往往會扼殺新點子。不過，有了快速的原型製作，團隊對成功上市更有信心。對於複雜、無形的設計，這種效果更加重要。

例如，在企業的策略制定中，傳統的做法是由策略人員（無論是公司內部的策略師或外來的顧問）來定義問題，設計解決方案後，再提交給管理高層。高層的反應通常有以下幾種：1這沒有解決我認為重要的問題；2這些都不是我會考量的可能性；3這些都不是我會研究的東西；4這答案對我沒有說服力。因此，管理高層接受策略提案通常是例外，而不是常態，尤其提議的策略嚴重偏離現狀時，更難獲得管理高層的認同。

面對這種狀況，解決方法是與決策者反覆地互動，也就是說，趁早去找負責的高階主管說：「我們覺得這個問題需要解決，你覺得呢？」不久後，策略設計師又回去找那位高階主管說：「根據我們一致認同的問題定義，這些是我們想探索的可能性，這符合你想像的可能性嗎？我們有遺漏什麼嗎？有什麼是你覺得不可能成功的？」之後，策略設計師又回去說：「我們打算針對我們一致認為值得探索的可能性做這些分析，這些是你想做的分析嗎？我們有遺漏什麼嗎？」

採用這種方式，到推出新策略的最後一步時，幾乎只是走個形式了。負責核准策略的高階主管，之前已經幫忙界定問題、確定可能性及確認分析了。提議的方向不再令人意外，在制定策略的過程中，方向已逐漸獲得了認同。

當挑戰是改變系統時（例如建立一種新事業或引入一種新型的學校），互動必須進一步擴大，延伸到所有主要的利害關係人。現在我們來看這種介入設計的例子，這個例子發生在秘魯，是涉及社會工程的一個大實驗*。

設計新秘魯，打造更多中產階級

因特科普集團（Intercorp Group）是秘魯數一數二的大企業，旗下有近三十家公司，橫跨多元產業。執行長小卡洛斯．羅里格斯—帕斯托（Carlos Rodríguez-Pastor Jr.）繼承了父親留下的家業，他的父親原是流亡海外的政治犯，一九九四年回國後，所領導的集團從政府手中收購秘魯最大的銀行秘魯國際銀行（Banco Internacional del Peru）。一九九五年父親過世後，羅里格斯—帕斯托接掌了銀行。

羅里格斯—帕斯托想做的不只是銀行家，他的抱負是幫秘魯創造出更多的中產階級來幫助秘魯經濟轉型。秘魯國際銀行後來更名為Interbank，他也從中看到了為中產階級創造就業機會及滿足他們需求的機會。在新興國家，大型的家族集團常用「強人領導」的方式來推動策略。但這次，他從一開始就知道，這種方式無法幫他達成目標；相反的，想要實現目標有賴精心的規畫，吸引來許多利害關係人參與。

播下創新文化的種子

他的首要任務，是讓銀行更有競爭力。為了找到好點子，羅里格斯—帕斯托決定向美國的頂尖金融市場取經。他說服一位在美國券商工作的分析師，讓他參加美國銀行在各地舉行的投資人說明會，即使Interbank並不是那家券商的客戶。

羅里格斯—帕斯托意識到，如果他想打造一個能夠掀起社會變革的事業，光靠他吸收一些見解，並帶回自家企業實踐是不夠的。如果他只是強迫大家接受他的構想，大家對他的支持主要是因為他的權威，這對轉變社會毫無助益。他需要底下的管理者也學習培養洞察力，以便發現及抓住機會，幫他實踐抱負。所以，他說服那位分析師，讓他的四位同事也加入巡迴說明會見習。

＊編按：社會工程（social engineering）是指透過政府、媒體或私人團體大規模影響特定的態度和社會行為，以期在目標人群中產生所需要的結果。

從這件事可以看出，羅里格斯—帕斯托是採用參與式的策略制定。這讓他建立了一支強大又創新的管理團隊，提升了Interbank的競爭力，也讓公司朝著迎合中產階級的多元事業發展，例如超市、百貨公司、藥局、電影院等。到了二〇二〇年，因特科普這個以Interbank為中心的集團，總共雇用了七萬五千名員工，預估營收高達五十一億美元。

多年來，羅里格斯—帕斯托不斷在教育管理團隊上擴大投資，每年都送管理者去頂尖的學府和企業（例如哈佛商學院和IDEO）上課，並與這些機構合作，為因特科普開發新項目，淘汰行不通的構想，精進行得通的方案。例如，因特科普聯合IDEO，推出自己的設計中心「維多利亞實驗室」（La Victoria Lab），是全球首批設立自家設計中心的企業之一。這家實驗室位於首都利馬的一個新興地區，在日益成長的都市創新樞紐中居於核心地位。

但羅里格斯—帕斯托並沒有在打造出鎖定中產階級消費者的創新商業集團後停止腳步，其社會轉型計畫的下一步，是讓因特科普跨出傳統的商業領域。

從商業到心靈

良好教育是讓中產階級蓬勃發展的關鍵，但秘魯在這方面嚴重落後。秘魯的公立學校素質低落，私立學校在把孩子培養成中產階級方面，也好不到哪裡去。除非改變教育現況，否則生產力和繁榮的良性循環是不可能出現的。羅里格斯—帕斯托認為，因特科普必須跨入教育事業，提出鎖定中產階級父母的價值主張（參見下文〈Innova 學校的介入設計〉）。

Innova 學校的介入設計

Innova 學校推出為秘魯中產階級提供負擔得起的實惠教育計畫，透過說明會與各地的家長及學生討論其互動學習法。

設計新模式

團隊一開始先探索 Innova 許多利害關係人的生活與動機，以找出如何建立一套能夠吸引老師、學生及家長參與的系統。

科技化模式的構想開始成形。這種模式是把老師從「講台上的智者」變成「從旁指引」，並讓學校教育的成本變得更實惠，更容易擴充。在老師們試用軟體工具後，提供意見回饋。

策略確定後，Innova 為老師、家長及校長辦了很多說明會，以收集大家對教室設計的意見、討論學校的改進方式，並邀請利害關係人參與實踐的流程。

最後，則是為教室空間、課程表、教學方法及教師的角色制定設計準則。

二〇一二年十一月：試辦計畫

在兩所學校的兩個七年級教室全面試辦新計畫，老師們都受過新方法的完整培訓，並跟進即時的意見回饋反覆調整模式。

二〇一三年至今：實施與改進

如今，科技化的學習模式已在二十九所 Innova 學校實施。Innova 持續與九百四十多位老師合作，幫他們採用這種新方法。Innova 也經常舉辦家長研討會，尋求老師、教練及學生的意見，反覆地調整方法與課程。

要讓社會認可這個教育事業是一大挑戰，再加上教育領域始終都是既得利益者的雷區，導致這個挑戰變得更加複雜。因此，「介入設計」是學校成敗的關鍵。羅里格斯－帕斯托與IDEO密切合作，規畫出一套介入設計。他們一開始先鎖定一群利害關係人，這些人很可能一聽到大型商業集團想經營學校會斷然否決。即使在比較親商的美國，「集團經營學校」也是一個頗有爭議的主張。

因特科普的第一步，是在二〇〇七年為優良教師設立一個獎項，以獎勵在秘魯二十五個地區作育英才有成的最佳教師。這個獎項很快就變得非常有名，部分原因是每位得獎老師也獲贈了一輛汽車。這讓大家看到，因特科普確實是真心想要改善秘魯的教育，也促使教師、公務員和家長接受因特科普建立連鎖學校的想法。

接著，二〇一〇年因特科普買下企業家喬治．宙斯奇．切斯曼（Jorge Yzusqui Chessman）管理的小型學校事業「聖費利佩內利」（San Felipe Neri）。當時，聖費利佩內利已有一所學校開始運作、兩所學校正在建設中，切斯曼有擴大經營學校的計畫，但因特科普在秘魯建立大規模事業的經驗，可以幫他把事業拓展到超乎想像的規模。不過，這個事業必須改造現有的模式，而這需要深諳教學技巧的老師，偏偏秘魯很缺這種人才。於是，羅里格斯－

帕斯托從旗下的其他事業匯集了一些管理者（例如來自銀行的行銷專家、來自連鎖超市的設備專家）與IDEO合作，一起規畫新模式：Innova學校。這種學校將以中產階級家庭負擔得起的價格提供優質教育。

該團隊推出為期六個月的人本設計流程，找來數百位學生、老師、家長及其他的利害關係人參與，探討他們的需求與動機，邀請他們來測試各種做法，徵詢他們對教室平面設計及互動的意見。結果得出一個科技化模式，結合了美國線上教育先驅可汗學院（Khan Academy）之類的平台。在這個教學模式中，老師的任務是引導，而不是唯一的授課者。

介入設計的挑戰在於，家長可能反對讓孩子用教室裡的筆記型電腦學習，教師可能不願放棄領導學習的角色，改採輔助學習的角色。所以，經過六個月的準備後，Innova推出全面的試辦課程，並邀請家長與老師來參與設計及執行。

試辦課程顯示，學生、家長和老師都很喜歡這種模式，但最初有些假設脫離現實太遠。家長其實不反對這種教學方法，在試辦課程結束後，他們還堅持不要把筆記型電腦移走。此外，八五%的學生在課外也使用筆記型電腦。這套模式後來根據試辦課程得到的意見做了調整，附近地區的家長和老師都非常支持Innova模式。

在口耳相傳下，學校很快就招生額滿，有些學校甚至還沒建好。由於Innova有創新的美譽，即使薪資不如公立學校，還是有很多老師想來任教。到了二〇二〇年，Innova已經啟用六十多所學校，有學生五萬多人。

秘魯熱情，散播財富

如果因特科普是依循傳統的經營方式，應該會鎖定秘魯首都利馬市中的富裕地區，那裡也是中產階級自然聚居的地方。但羅里格斯－帕斯托認為，各省區也需要中產階級。要在那些地方培養中產階級，顯然需要創造就業機會。因特科普創造就業機會的一種方法，是擴大連鎖超市的展店範圍，此一超市事業是在二〇〇三年從皇家阿霍德（Royal Ahold）收購，後來更名為秘魯超市（Supermercados Peruanos）。

二〇〇七年，這家連鎖超市開始到各省展店，引起在地消費者的熱烈回響。一家超市在萬卡約（Huancayo）開幕時，想要進場的好奇顧客排隊等了一個多小時。對很多顧客來說，這是他們第一次接觸到現代的零售店。到了二〇一〇年，這家連鎖超市在秘魯的九個地區，共經營六十七家超市，如今全國共有五百三十五家超市。

因特科普很早就意識到，這種零售事業可能會讓在地社區變得貧困，而不是富裕起來。雖然超市確實提供了薪水不錯的工作，卻可能波及在地農民與供應商的生意。由於農民與供應商的規模較小，加上食品安全標準通常較低，因此連鎖超市的貨源從利馬取得是更有利的選擇。但這樣做，物流成本會侵蝕利潤，萬一連鎖超市排擠了當地的供應商，它摧毀的就業機會可能比創造的還要多。

所以，因特科普需要提早邀請在地業者參與展店計畫，以刺激在地生產。二〇一〇年，因特科普推出「秘魯熱情」（Perú Pasión）計畫，獲得非營利組織安地斯開發公司（Corporacion Andina de Fomento），以及萬卡約的地方政府支持。秘魯熱情計畫幫農民與小型製造商提升能力，以供應當地的秘魯超市。一段時間後，有些供應商甚至自行發展成為區域型或全國性的供應商。

目前，秘魯超市從三十一家「秘魯熱情」的供應商採購兩百二十種產品，其中一個供應商是貝拉斯克斯食品加工廠（Procesadora de Alimentos Velasquez）。這家廠商原本只是社區麵包店，為附近幾家雜貨店供貨。二〇一〇年起，它開始為秘魯超市供貨，當時的年營收僅六千美元。自從為秘魯超市供貨以來，這家麵包店透過「秘魯熱情」計畫，售出逾三十萬美元的商品。乳品業者康賽普松乳業（Concepción Lacteos）是另一個成功的例子，自二〇一〇年開始為當地的秘魯超市供貨，當時的年營收約兩千五百美元，此後透過「秘魯熱情」計畫，創造了近六十萬美元的銷售額。二〇二〇年，因特科普擴大了「秘魯熱情」計畫，為小型生產商創建線上市場，以便供貨給因特科普旗下的所有事業，目前已經吸引了兩百四十七家供應商，第一年就創造了逾五十萬美元的銷售額。

因特科普成功地擴大了秘魯的中產階級規模，這主要是靠細心設計了許多「創意製品」：有領先優勢的銀行、創新的學校系統，以及適合偏遠城鎮的事業等等。但同樣重要的，是把這些新製品引入現狀的設計。羅里格斯－帕斯托精心制定並採用了必要的步驟，好吸引所有的相關人士參與。他讓領導團隊裡的高階管理者學習更多的技巧、提升員工的設計知識、說服教師與家長相信因特科普也能提供教育，並與在地生產者合作，培養他們為超市供貨的能力。有了設計完善的「製品」，再配合巧妙的設計介入，讓秘魯的社會轉型不再只是理想主義的願景，而是一個能夠夢想成真的可能性。

這種方法的原則是明確及一致性。介入是一種多重步驟的過程，由許許多多的小步驟組成，而不是只有幾個大步驟。在整個過程中，你必須和複雜製品的使用者互動，以淘汰不良的設計，累積對優良設計的信心。

設計思維最初是一種用來改進有形產品設計過程的方法，但它的效用不止於此。因特科普與其他類似的案例顯示，當你需要吸引大家參與及採用創新的點子和體驗時，把設計思維的原則套用在管理無形的挑戰上，其潛力更是強大。

＊本章改寫自馬丁發表於《哈佛商業評論》的〈設計，讓構想成真〉（Design for Action）一文，二〇一五年九月號。

第13堂 資本投資

資本投入後，就應該重算其價值。

二〇一三年，化工巨擘杜邦（DuPont）執行長柯愛倫（Ellen Kullman）迫於股東要求改善績效的壓力，決定出售公司的高性能塗料事業，因為這是集團中成長低、獲利也低的事業。私募股權投資公司凱雷集團（Carlyle Group）以十三．五億美元取得該事業的全部股權，並更名為艾仕得（Axalta）。凱雷隨即徹底整頓這個塗料事業，其中包括相當積極的投資，尤其是投資開發中市場。

短短二十一個月後，艾仕得交出亮眼的績效，凱雷甚至讓它公開上市，只出售二二%的股權，就幾乎回收了當初的投資。到了二〇一六年（即收購三年半以後），凱雷出售剩餘的股權，初始投資的總獲利高達五十八億美元。

這是大家耳熟能詳的故事，也讓凱雷、KKR、黑石（Blackstone）等私募股權業者獲得了「獨具慧眼」、「管理奇才」等美譽。他們可以透過嚴格的管理、良好的治理、謹慎的成本控制，以及——最重要的——不必理會公開市場投資人對短期績效的要求，讓最不被看好的資產發揮隱藏的價值。

不過，私募股權業者讓事業轉虧為盈的著名例子，通常是由曾在大型上市公司長期任職的管理者所領導，而且轉賣獲利的時間大都發生在較短期的五至七年內。削減成本不是什麼深奧的科學，私募股權公司採用的管理實務與策略工具——例如設計思維、六標準差（Six Sigma）——都是眾所皆知且廣為傳授的技巧。既然如此，為什麼像杜邦這樣的大型上市公司，還那麼願意把有利可圖的機會拱手讓給私有投資者呢？

問題的根源，在於許多公司（當然不是所有公司）評價其事業與專案的方式。許多公司的總經理犯了一個基本錯誤：**將未來現金流的估計值，與當初投入事業的現金做比較**（而且資料顯示，他們仍持續犯這種錯誤）。雖然這聽起來很合理，但它是用一個很快就失去相關性的歷史數字來衡量績效。

這讓我想到，管理者必須了解的資本投資思考模式：**資本投入後，就應該重算其價值。**

我將在本章中說明，一旦對某項資產進行投資後，公司預期該資產會創造的價值其實是公開的。所以，假設像杜邦這樣的上市公司，對塗料事業做了大筆投資（可能是興建廠房或進入新市場），那些預期價值會立刻反映在股價上。如果這個事業的表現超過預期，外界對這筆投資的認知價值會提高，而導致股價上漲。如果這個事業的表現只符合預期，外界認知的投資價值不變，股價（在沒有其他因素的情況下）也會維持不變。但如果這個事業的表現不如預期，即使那筆投資仍持續創造報酬，杜邦的股價仍會下跌，因為投資報酬率不如預期。

這表示，公司在衡量投資績效時，不該考慮投入的「現金」，而是應該考慮其投資取得的資產或能力的「現值」。

資產的變現力越低，創造的價值越高

企業通常會把資本，投資於很多種資產。一種，是我所謂的**流動資本**（unfettered capital），亦即現金及等同現金的資產，例如有價證券，或是任何可交易且可迅速變現的資產。這種資產在資產負債表中，通常是以市價認列，亦即包含當前對它們將創造的價值的所有預期。

另一種，是我所謂的**固定資本**（embedded capital），亦即已投入某種不能輕易變現的資產，可能是生產設備、配銷網絡或軟體系統，也可能是某個品牌或專利。如果這些資產沒有現成的市價，它們在資產負債表上，是以購入價格減去累計折舊或攤提費用來認列（按標準會計準則計算）。對多數公司來說，公司的資本投資大都屬於這一類，讓公司有能力生產、行銷、配銷產品或服務，從而創造價值。

一般情況下，公司會把流動資本轉換為固定資本。例如，化學公司蓋聚乙烯廠房，就是把從銀行或股權投資人那裡取得的資本，投入到難以輕易變現的資產。萬一聚乙烯市場不景氣，或者建廠成本超過預期，很可能需要賠本才能轉售工廠。當然，如果工廠蓋得好，地點也好，也許轉售可以大賺一筆。但無論是賠售或大賺一筆，前提都是這個廠房維護得當且符合預期用途，才有可能以正常運轉的廠房出售。

這本來就是天經地義的事。畢竟，投資人與銀行把資金交給公司的管理者，並不是要讓他們拿去投資現金或有價證券，而是希望他們投資有生產力的資產，並有效管理。誠如策略學教授潘卡・葛馬萬（Pankaj Ghemawat）在著作《承諾：策略動態》（*Commitment: The Dynamic of Strategy*）中的主張，競爭優勢的關鍵在於投資，好讓公司致力投入某項能力或行動。

如果你投入資金取得了合適的資產與能力並善加運用，這些資產與能力將為你創造價值（亦即穩健持久的現金流），它們的變現力越低，創造的價值越高。

經濟學家威廉・鮑莫爾（William Baumol）、約翰・潘澤（John Panzar）、羅伯・威利格（Robert Willig）在冷門但重要的著作《可競爭市場與產業結構理論》（*Contestable Markets and the Theory of Industry Structure*）中指出，生產資產比較容易變現的產業，其績效不如那些資產難以變現的產業（作者把難以變現的資產稱為**不可逆資產**）。

以美國民航業來說，兩項最昂貴的資產是飛機與登機門分配。由於兩者的市場流動性都很高，新進業者把資本投入這兩項資產後，都能很快變現回收。問題是，產業景氣好時，公司往往過度投資，因為投入成本較低。所以，這個產業有系統性產能過剩的問題。在這種環境中，公司很難持久地創造價值。

說到底，公司的管理者應該投資不易變現的資產，因為公司創造價值的方式，就是把來自投資人的流動資本拿去投入營運。但是，我們如何客觀地判斷這些管理者是否做了正確的投資呢？

明明已經很會精打細算，為什麼股價還是重挫？

西北大學凱洛格管理學院（Kellogg School of Management）的艾爾・拉波帕特（Al Rappaport）教授曾於一九八六年出版頗具影響力的著作《創造股東價值》（*Creating Shareholder Value*），他與思騰思特（Stern Stewart）顧問公司在衡量股東價值創造方面，開發出一種大家常用的方法。拉帕波特的股東增值（shareholder value added, SVA）與思騰思特顧問公司的經濟附加價值（economic value added, EVA）十分類似，都是比較兩個數字：資本報酬率與平均資本成本，並加權計算以反映舉債與股權融資的比例。

為了簡化起見，下文採用的是現在更為普遍的ＥＶＡ。ＥＶＡ是以公司資本占比（舉債與發行股權所募得的資本）的方式，來表達「預期淨現金流」（就像資產負債表的顯示方式）。為了算出ＥＶＡ，管理者通常會使用「資本資產定價模型」（capital asset pricing model, CAPM），投入模型的資料通常可以公開取得。如果投資報酬率超過了平均資本成本，就表示公司有在創造價值；如果低於平均資本成本，就是破壞價值。

為了具體說明，我們以美國製藥、醫療器材與消費品的嬌生公司（Johnson & Johnson）

為例。二〇一八年，嬌生賣出的商品與服務價值是八一六億美元，獲得一五三億美元的稅後現金流。為了創造這些現金流，嬌生平均動用了八九一億美元的資本（由流通在外的股權與長期債務組成，是以募得的資本認列。年初資本額是九〇八億美元，年底是八七四億美元）。因此，嬌生當年的現金流投資報酬率不錯，是一七％。同期，外部機構估計嬌生的加權平均資本成本（weighted average cost of capital, WACC）約為六％。所以，嬌生的ＥＶＡ是一一％。

另一種思考方式，是看絕對金額。嬌生隱含的資本費用約五十三億美元（八九一億美元的六％），創造出一五三億美元的現金流，亦即創造了約一百億美元的價值。這就是所謂的剩餘現金流（residual cash flow, RCF）——公司創造的現金超過資本費用的金額。如果ＲＣＦ是正值，代表公司創造了股東價值；如果ＲＣＦ是負值，則代表公司破壞了股東價值。

ＥＶＡ本來是公司層級的分析，後來也被套用在個別事業部門，以了解哪個事業單位為公司創造價值或破壞價值，因為固定資本的投資決策大都是在事業部門內制定的（以嬌生為例，總資產中僅一六％的價值是由公司層級持有）。為了計算資本費用，分析師從財報找出與各事業部門相關的淨資產（固定資產加上淨營運資金）的帳面價值。如果他們希望數字更精確一些，可以按比率加上公司層級的資產。把調整後的數值乘以公司的平均資本成本，就是每個事業部門的年度資本費用。

這種分析讓公司的管理者可以按ＲＣＦ來排列各事業部門，從創造最多絕對股東價值的事業部門，依序排到破壞最多價值的事業部門。

例如，嬌生把旗下事業分為三大部門：製藥、醫療器材及消費性商品。製藥事業生產處方藥類克（Remicade）、拜瑞妥（Xarelto）等熱賣藥品，為公司帶來約八十九億美元的調整後現金流，同時使用公司八九一億美元投入資本（帳面金額）的四六％左右。醫療器材包括血管支架、隱形眼鏡等等，為公司帶來約四十四億美元的調整後現金流，同時使用公司投入資本的三五％左右。消費性商品包括ＯＫ繃、嬰兒洗髮精、露得清等等，為公司帶來約二十億美元的調整後現金流，同時使用公司投入資本的一九％左右。

公司的管理者很快就採用這種方法，作為重要投資與撤資的決策基礎。可創造股東價值的事業，合情合理地獲得更多投資；反之，損害股東價值的事業就應該緊縮投資，別再投入更多的寶貴資金。

這表面上看來沒什麼問題。畢竟，創造的現金流高於資金成本的事業，難道不該多投資嗎？而創造的現金流無法支應資金成本的事業，難道不該更小心謹慎嗎？虧損的事業難道不該及早撤出，以免又再破壞股東價值一年嗎？

既然如此，為何二〇一八年嬌生股價會下跌，導致市值縮水約三百億美元呢？我們可以把其中的二三〇億美元縮水，視為反映整體股市下跌，但扣掉這個部分不看，依然意味著市場認為嬌生摧毀了七十多億美元的價值，而不是如上述標準分析所示，創造出一百億美元或更多的價值。如果我們假設市場永遠是對的，那麼我剛才帶你做的計算一定有問題。這也帶出了關於資本的一個真相，這個真相看來有悖直覺，但你需要謹記在心。

你今天投資的資產，會形成市場對未來價值的預期

公司的股價，反映了投資人預期公司的事業組合將創造的價值。假設嬌生有一種極具潛力的新藥，本以為它上市的機率渺茫，但嬌生突然出人意料地宣布新藥已獲得主管機關核准，而且預計每年獲利可能高達六十億美元。此外，我們也假設，負責關注嬌生的分析師也同意這個預估。在其他條件不變的情況下，當資本成本約六％時，每年六十億美元的獲利可

能使嬌生的市值增加一千億美元。

而且，嬌生的股價不會每個交易日（一年約二五二個交易日）都以三．九七億美元（一千億除以二五二天）的速度上漲。相反的，市場收到上面的訊息後，會把新藥未來可能創造的額外現金流全部折現，立即將市值推高至一千億美元。當然，這是大家都收到完美資訊的情況。如果資訊是選擇性地緩慢流出，那嬌生的市值可能過一段時間才會慢慢增加一千億美元。但無論如何，主管機關意外核准新藥上市的消息一經披露，市值增加就已經注定了。

這就是你需要謹記的資本真相：**對資產的任何投資，都會形成對未來將創造價值或破壞價值的預期，而這應該會立即反映在資本的價值上**。

這正是Google母公司Alphabet的整體股價為什麼會暴漲至帳面價值的八倍。長久以來，投資者一直上調Google搜尋事業的固定資本——Google搜尋事業獲利豐厚，傳統的計算方法顯示該事業的EVA非常高。但是單憑這點，並不足以使Alphabet的股價上漲。由於資本費用已經納入股價反映的價值，而不是歷史投資，投資者只有在發現公司付出該筆資本費用後，仍有辦法產生正值的RCF時，才會抬高股價。唯一能推動股價上漲的因素，是正面的新消息。

現在回想一下，固定資本是如何估價的：將購買資產的價格減去折舊與攤提後的金額認列。當我們評估一家公司的整個事業組合時，納入對未來價值的預期看似不合理；但是，當我們在個別事業部門或專案層級，評估該事業組合的資產價值（及固定資本的價值）時，就不會覺得不合理了。

再者，由於傳統方法不能立即反映一項投資預期創造的價值，其隱含的假設是，下一筆投資將產生與前一筆投資相同的報酬率。也就是說，如果已經定著在企業內的投資正在摧毀（或創造）股東價值，那麼後面追加的投資也會是如此。當然，情況可能是這樣的：表現優異的事業很可能選擇了一種致勝的策略或商業模式，因此增加投資確實會創造更多的股東價值；表現落後的事業很可能選了糟糕的策略，因此增加投資只會破壞更多的價值。

然而，歷史不是宿命，不能預知未來。即使是帳面ＲＣＦ高的事業（亦即按傳統方法計算），增加一塊錢的資本投資未必會創造價值，那要看投資案的性質而定。問題是，如果該事業已經有很高的帳面ＲＣＦ，新增投資後，很可能依然如此（這就是陷阱所在），因為相較以前累積下來的投資，新增的投資額不太可能很大。因此，即使新增的投資實際上破壞了股東價值，整體的帳面ＲＣＦ仍然會很高，導致高階主管們認為投資該事業仍是好主意，但其實不然。

同樣的道理，在帳面RCF為負值的事業追加資本投資，也未必無法創造價值。可想而知，這種事業可能更需要資金的挹注。然而，除非新資金的挹注極其成功，否則該事業的整體帳面RCF可能還是負值，因為即使新投資真的創造了很大的股東價值，可能還是無法一舉彌補過去的投資失利，以致高階主管們認為這終究還是一次糟糕的投資，但事實並非如此。

我們該如何避開這種陷阱呢？

市值的「預期現金流」報酬率

答案在於資本費用的計算方式。當流動資本轉變為固定資本時，就應該立即反映它預期會創造或破壞的價值。

在公司層級，這是一個直截了當的計算：在任何時點，將公司的預期現金流除以股權與債務的總市值，就會得到「市值的預期現金流報酬率」（expected cash flow return on market capitalization）。這是投資人當時買進股票時，預期得到的報酬率。

在事業部門層級，計算固定資本的價值，是把事業部門的現金流除以整個公司的「市值現金流報酬率」。所有事業部門的資本價值加總起來，會等於整個公司的市值。財務專家可能指出，這種方法沒有妥善地考量公司內部不同的事業部門與投資案可能有不同程度的系統性風險，以及不同的最適資本結構，因此每個事業部門的加權平均資本成本（WACC）及資本費用，都需要進一步調整。但一般來說，這只是吹毛求疵，因為多數投資人是直接把公司的整體 WACC 套用到每個專案或事業部門。

如果市值立即反映所有可取得的與價值相關的資訊，包括市場知道已經創造或破壞的價值，那麼投資當時的ＲＣＦ應該是零，而且資本成本會等於新投資人預期的資本報酬率。

投資完成後，創造或破壞資本價值的是新資訊。這些新資訊會導致管理者與分析師調整他們對未來現金流的預期，而新的共識會導致股價改變。我們回頭來看前面嬌生的例子，嬌生的新藥意外獲得主管機關批准後，開發新藥的事業單位（假設是腫瘤事業處），其資本費用應該每年馬上增加六十億美元——這是股價反映新藥獲准消息的那一刻，股東開始預期該事業會產生的獲利。新投資人透過買股票的方式，從現有投資人手中買下這些資本時，就是為新增的價值買單。同樣的，如果嬌生表示要把腫瘤事業處的年終獲利預測上調或下修一〇%，該訊息應該也會導致腫瘤事業處資本費用的調整。

現在我們來看看，這種方法能否解釋嬌生為何市值縮水七十億美元，而不是像基本EVA算式所得出的市值增加一百億美元。前面提過，二〇一八年嬌生旗下的所有事業部門，一共創造出現金流一五三億美元。年報顯示，這個報酬是由八九一億美元的資本所創造出來的。

計算價值創造的常見錯誤

多數公司是用投入資本報酬率（return on invested capital, ROIC）來評量事業部門的績效，但計算ROIC需要正確估算公司的資本成本。許多管理者在這裡算錯了，他們只注意投資的帳面價值（或歷史成本），而不是當前資本的市值（根據公司的股價）。我們以表13-1的嬌生公司為例，來了解這種算法的陷阱。

二〇一七年底，嬌生長期負債與股權的市值是四〇五五億美元，比帳面價值多了約三一六〇億美元。這是投資人根據當時對資產、管理高層的計畫、嬌生商業環境的了解，認為截

表 13-1　嬌生的不同評價方式

平均帳面價值法

多數管理團隊評估報酬時，使用的是資本的**平均帳面價值**。即使在扣除資本成本（6%）後，嬌生的事業似乎績效良好。（所有數字都以 10 億為單位）

事業部門	資本平均帳面價值	2018 年總現金流量（報酬率）		資本成本（平均帳面價值的 6%）		實質現金流
製藥	$40.8	$8.9 (21.8%)	–	$2.4	=	$6.5
醫療器材	$31.1	$4.4 (14.1%)	–	$1.9	=	$2.5
消費性商品	$17.2	$2.0 (11.6%)	–	$1.0	=	$1.0

例如，嬌生的財報顯示，公司在製藥事業上投資 408 億美元……經過資本成本調整後，將產生 65 億美元的實質現金流。

市場價值法

但是，如果我們使用嬌生在每項事業上投資的資本市值來做同樣的計算，結果會大不相同。事實上，把實質資本成本計入後，嬌生的三大事業部門都產生了負現金流，這有助於解釋嬌生為何在這段時間內股價表現不佳。

事業部門	資本平均帳面價值	2018 年總現金流量（報酬率）		資本成本（平均帳面價值的 6%）		實質現金流
製藥	$236.5	$8.9 (3.8%)	–	$14.2	=	–$5.3
醫療器材	$115.1	$4.4 (3.8%)	–	$6.9	=	–$2.5
消費性商品	$53.9	$2.0 (3.7%)	–	$3.2	=	–$1.2

但市場價值法顯示，投資人覺得 2365 億美元才是他們在製藥業的投資……這使得實質現金流變為負值。

至二〇一七年底，八九一億美元的現金投資已經創造或預期創造的價值。當時任何人想投資嬌生，都必須為這個增值買單（反映在股價上）。這表示，二〇一八年一月一日購買嬌生股票的人，是看上四〇五五億美元的年度預期報酬，而不是帳面上八九一億美元的年度預期報酬，否則他們不會以四〇五五億美元的估值進行投資。下一塊錢投資的報酬率才是他們關心的，而且他們預期的報酬率至少是公司的加權平均資本成本六%。那麼，他們得到了什麼？

按照通常的算法，二〇一八年嬌生表現出色，銷售額增加約七%，帳面資本的稅後報酬率是一七%，資本成本是六%。但如表13-1所示，現金流市值的報酬率差很多，只有三·八%，比嬌生的資本成本還低了二%以上。這表示，這一年內破壞的股東價值達九十億美元（略高於四〇五五億美元的二%），這個金額足以拿來解釋嬌生當年資本市值縮水三百億美元中的七十億。事實上，如表13-1所示，嬌生三大事業部門所創造的報酬，都比市場資本成本還低。

「資本價值應納入當前預期」的概念，也許有助於解釋私募股權業者為何績效那麼出色。以傳統ＥＶＡ來衡量事業績效的大公司，對於他們認為未來不太可能創造價值而不值得投入時間或金錢的事業，可能會想要出售。相對的，私募股權公司則是看到一個低價買進資本的套利良機，而低價是公司人為壓低預期造成的。如果公司能夠認清，資本市場是根據預期而不是歷史事實來進行交易的，並據此做出投資決策，私募股權公司可能會失去他們的一大獲利來源。

＊本章改寫自馬丁發表於《哈佛商業評論》的〈評價績效時，該考量資產的預期價值！投資決策別畫錯重點〉（What Managers Get Wrong about Capital）一文，二〇二〇年五月／六月號。

第 14 堂　併購

**不要把收購對象視為等待開採的寶石，
而是把併購視為一種思維的交流。**

二〇一五年，在全球金融危機爆發不到十年後，企業界創下了併購交易的新紀錄。這些交易的總值超越了二〇〇七年創下的最高紀錄，而二〇〇七年的紀錄則是打破一九九九年創下的峰值。儘管爆發全球疫情且歐美政治動盪，但這場併購派對仍如火如荼地進行。二〇一六年的併購總額超越二〇一五年，二〇一七年又超越二〇一六年。在併購活動最活躍的七個年份中，有六年是出現在二〇一五至二〇二〇年。

併購狂潮的一大特色，是特殊目的收購公司（special-purpose acquisition company, SPAC）的出現。這種公司最早出現於一九九〇年代，但最近以前大都處於休止狀態。二〇一六年以前，每年公開上市的 SPAC 不到二十家。到了二〇二〇年，公開上市的SPAC家數突然暴增為兩百四十八家，二〇二一年前三季更暴增至四百三十五家。這些公司在沒有任何事業的情況下募集資金，只承諾將來會展開收購。

即使大型併購案失敗的速度越來越快，但似乎對這股併購風潮毫無影響。我們都認為，微軟花七十九億美元從諾基亞收購手機事業，二〇一五年就打消其九六%的帳面價值，實在很糟糕。同樣情形還有，二〇一二年Google以一百二十五億美元從摩托羅拉收購手機事業，後來以二十九億美元出脫；惠普以一百一十一億美元收購資料分析軟體公司Autonomy，後來打消八十八億美元；二〇〇五年新聞集團（News Corporation）以五．八億美元收購MySpace，六年後僅以三千五百萬美元出售；雅虎（Yahoo）二〇一三年以十一億美元收購社群網路平台Tumblr，六年後僅以三百萬美元出售，縮水幅度高達九九．七%。

但相較於二〇二一年的併購災難，上述案例都相形見絀。在二〇二一年二月到五月短短三個月間，AT&T分別以一百六十億美元和四百三十億美元的價格，出脫子公司DirecTV與時代華納（Time Warner）。出售事業本身不是壞事，事實上，許多人稱讚AT&T出脫了根本不適合納入其事業組合的東西。然而，一旦考慮到當初收購的價格時，給人的感覺就不是那麼回事了：DirecTV是二〇一五年以四百八十億美元購入的；時代華納是二〇一八年以八百五十億美元購入的。也就是說，在不到六年的時間裡，AT&T形同把七百四十億美元的股東資本放水流了。不出所料，股東要求做這些交易的執行長蘭德爾・史蒂芬生（Randall Stephenson）引咎辭職，他於二〇二一年退休。

當然，我們也看到成功的案例。一九九七年，蘋果以如今看來微不足道的四・〇四億美元收購NeXT，不僅因此拯救了公司，也為企業史上最大的股東價值累積奠定了基礎。二〇〇五年，Google以五千萬美元收購Android，得以在智慧型手機的作業系統領域占有最大的市占率，這個市場可謂全球最重要的產品市場之一。華倫・巴菲特（Warren Buffett）從一九五一年到一九九六年，持續買進蓋可（GEICO）產險公司的股權，為波克夏哈瑟威（Berkshire Hathaway）控股公司奠定了最重要的資產基礎。另一個例子目前看來似乎還言之過早，不過二〇二〇年嘉信理財（Charles Schwab）收購德美利證券（TD ameritrade）的交易看來確實是朝著正確的方向發展。然而，以上這些例外卻證明了幾乎所有研究都證實的一個準則：併購無利可圖，吃力不討好，多達七〇%到九〇%的收購案以慘賠收場。

為什麼過往紀錄那麼慘呢？答案出乎意料的簡單。關於併購，你需要知道一個重要的思考：**你需要付出價值，才能獲得價值**。

只在乎「從收購中獲得什麼」的公司，比起關注「自己該付出什麼」的公司，更不可能從收購中獲益。

這個見解呼應了亞當・格蘭特（Adam Grant）在《給予》（*Give and Take*）一書中的看法，他指出，在人際領域中比較在乎付出而非獲得的人，最終會比那些只在乎追求自身地位的人過得更好。

例如，公司想透過收購進入一個充滿吸引力的市場時，通常是處於「獲得」模式。前面提到的慘敗案例都是如此：AT&T 想進軍衛星電視經銷、內容創作及傳播；微軟與 Google 想進軍智慧型手機的硬體市場；惠普想進軍企業搜尋與資料分析領域；新聞集團想跨入社群網路。當買家處於「獲得」模式時，賣家可以哄抬價格，從交易中提取所有累積的未來價值，尤其是還有其他的潛在買家也有意收購的話，這種情況更為明顯。AT&T、微軟、Google、惠普、新聞集團及雅虎為他們的收購付出了天價，這讓他們很難回本。此外，他們都不了解跨入的新市場，因此導致這些交易最後都以失敗告終，這表示他們並沒有為收購的事業帶來任何效益。

但如果你確實有能耐讓被收購的公司變得更有競爭力，情況就不一樣了。只要這家公司無法靠自己提升競爭力，或者更理想的是，其他收購者對此也無能為力時，你（而不是賣家）就可以因所收購的公司提升競爭力而受益。

收購者可以靠四種方法來提高收購對象的競爭力：以更聰明的方式提供成長資金、提供更好的管理監督、轉移有價值的技能、分享有價值的能力。我們詳細來看這四種方法。

以更聰明的方式提供成長資金

在資本市場比較不發達的國家，企業可以透過更聰明的投資，來創造價值。這也是印度塔塔集團（Tata Group）、馬亨達集團（Mahindra）等集團那麼成功的原因。他們收購（或創立）小公司，並以印度資本市場做不到的方式，為這些小公司提供資金。

在資本市場發達的國家，通常比較難以這種方式提供資金。以美國為例，維權型投資者常迫使多角化經營的公司分拆成獨立事業，因為公司的企業金融活動看來再也無法為旗下各事業增添競爭價值。ＩＴＴ、摩托羅拉、富俊品牌（Fortune Brands）等大公司，以及鐵姆肯（Timken）、萬利多（Manitowoc）等較小的公司，都因為這個原因而遭到分拆。就連奇異公司，也大幅縮編了。二〇一五年最大的併購案之一，是杜邦與陶氏（Dow）六百八十億美元的合併提案及隨後的三方拆分，這是維權人士對杜邦不斷施壓的結果。二〇二〇年，IBM宣布打算在二〇二一年底前拆分成兩個事業，這個消息普遍獲得好評。

不過，即使在已開發國家，成為更好的投資者也可以創造價值。快速成長的新產業會經歷很大的競爭不確定性，所以深諳所屬領域的投資者可以帶來很多價值。例如，在虛擬實境領域，app的開發人員相信，二〇一四年臉書收購Oculus後，Oculus會變成一個成功的新平台，因為他們認為臉書會提供必要的資源。因此，他們為Oculus開發了app，這又增加了該平台的成功機會。

另一個提供資金的聰明方法，是**促使分散型產業整合起來，以追求規模經濟***。這是私募股權公司最愛用的工具，用這種方法賺進了數十億美元。在這種例子中，精明的資本提供者通常是該產業目前最大的業者，因為它為每個收購對象帶來最大的規模（直到規模報酬到頂為止）。當然，不是每個分散型產業，都有可能創造規模經濟或範疇經濟：洛溫集團（Lowen Group，破產後改組為Alderwoods）吃盡了苦頭才記取這個慘痛教訓。洛溫不斷收購及擴展殯葬事業，變成北美最大的殯葬業者，但單憑規模，並未能創造出比在地業者或區域型業者更有用的競爭優勢。

規模經濟不見得源自於營運效率，它們往往是由市場力量的累積所產生。在淘汰競爭對手後，大型業者可為所提供的價值收取更高的價格。然而，如果這就是他們的策略，最終免不了要與反托拉斯的監管機關玩貓捉老鼠的遊戲，有時還不得不看監管機關的臉色。例如，奇異與漢威（Honeywell）、康卡斯特（Comcast）與時代華納、AT&T與T-Mobile、Direct-TV與碟網（Dish Network）提議的合併案就是這樣破局的。

提供更好的管理監督

提高收購對象競爭力的第二種方式，是提供更好的策略指引、組織與流程紀律。但在這方面可能說比做容易。

歐洲車廠戴姆勒賓士（Daimler-Benz）本身非常成功，主要是經營高階市場，它自以為

＊編按：分散型產業（fragmented industry）是指由許多中小型公司所組成的產業，進入門檻低，規模通常比較小。

可以為績效普通、鎖定中階市場的美國車廠克萊斯勒（Chrysler）帶來更好的管理，結果卻付出了三百六十億美元的慘痛代價。同樣的，奇異資融（GE Capital）藉由收購許多金融服務公司，在奇異公司內部從一個小型的次要單位，發展成最大的事業單位，也確信自己能為那些被收購的公司帶來更好的管理。只要美國金融服務業相對於美國整體經濟仍大幅成長，奇異公司的這個概念看來是成立的，因為該公司的管理方式優越，可為收購對象增添價值。但全球金融危機期間，金融服務業的歡樂派對戛然而止，奇異資融差點拖垮整個奇異集團。也許奇異資融在一定程度上改善了收購對象的營運，但相較於奇異資融承擔的巨大風險，任何改善都顯得微不足道。

波克夏哈瑟威在收購公司及透過管理監督來提升績效方面，有長期的優良紀錄，但巴菲特已公開坦承，該公司與巴西私募股權公司3G資本（3G Capital）一起投資食品公司卡夫亨氏（Kraft Heinz）時，高估了該公司的價值，所以買貴了。

美國企業集團丹納赫（Danaher）可能是透過管理為收購對象增添價值的最佳範例。自一九八四年成立以來，丹納赫已做了四百多次收購，截至二〇二一年底，已成長為營收兩百七十億美元、市值逾兩千三百億美元的公司。外界評論員及丹納赫的高階管理者把這個幾乎不敗的紀錄，歸功於丹納赫企業系統（Danaher Business System）。該系統是以公司所謂的4P為核心，亦即人才（people）、計畫（plan）、流程（process）和績效（performance）。丹納赫無一例外地在每個事業部門都安裝了這套系統，並透過該系統經營與監控各事業。丹納赫指出，要使該系統成功，它必須提高收購對象的競爭優勢，而不僅是加強財務控制和組織，而且必須徹底執行，不能只是紙上談兵。

轉移有價值的技能

收購方也可以直接移轉特定的（通常是功能性的）技術、資產或能力，藉此大幅改善收購對象的績效。這可以透過重新部署特定人員來達到目的。轉移的技能必須對競爭優勢至關重要，而且收購方在這方面的能力應該遠勝於被收購者。

一九六五年，百事可樂與菲多利（Frito-Lay）合併後，百事把經營「店鋪直送」（direct store delivery, DSD）物流系統的技能轉移給菲多利，就是很好的例子。這套物流系統是在零食業競爭的一個成功關鍵，百事可樂指派了幾位DSD管理者去領導菲多利的營運。不過，二〇〇〇年百事收購桂格燕麥（Quaker Oats）的結果就不是那麼理想了，因為桂格絕大多數的銷售是採用傳統的倉儲配送方式，百事在這方面並沒有比桂格更好的技術優勢。

Google 收購 Android，是成功轉移技能的現代範例。身為全球首屈一指的軟體公司，Google 可以加速安卓系統的開發，並幫它成為智慧型手機的主流作業系統。但 Google 收購以硬體為主的摩托羅拉手機事業時，並沒有特殊的優勢，所以收購效果不彰。

顯然，這種增加價值的方法，需要收購對象更接近收購者的本業才行。如果收購者不是很了解新事業，可能會以為自己的技能有價值，但其實不然。而且，即使自己的技能真的有價值，也可能很難有效轉移，尤其是在收購對象不樂於接納轉移時更是如此。

分享有價值的能力

第四種方式是收購者分享（而不是轉移）某種能力或資產。這種情況下，收購者不必調派人員或重新配置資產，只要開放讓收購對象使用就行了。

寶僑會與收購對象分享其跨部門的客戶共處團隊（colocated）能力*，以及媒體採購能力。即使是大型收購對象，分享媒體採購能力也可以幫對方省下三〇%以上的廣告成本。在某些收購案中，寶僑也會與收購對象分享強大的品牌，例如把Crest品牌分享給SpinBrush電動牙刷和Glide牙線。不過，這種方法在一九八二年收購諾維治伊頓製藥公司（Norwich Eaton Pharmaceuticals）時並不適用，因為該公司的配銷通路與產品宣傳方法都與寶僑不同。二〇〇〇年，微軟以近十四億美元收購Visio軟體後，把它加入Office軟體中，藉此分享微軟向個人電腦買家銷售Office套裝軟體的強大實力。但微軟從諾基亞收購手機事業時，並沒有這種有價值的能力可以分享。

這種「付出」形式要成功，仰賴的是了解背後的策略動態，以及確保分享真的發生。二〇〇一年，美國線上（AOL）與時代華納的合併案高達一千六百四十億美元，後來被稱為史上最大的併購失敗。這個併購案曾含糊地提到，時代華納如何與美國線上分享其內容能力，但分享經濟套用在這裡並不合理。內容創作是對規模高度敏感的產業，內容的傳播越廣，對創作者的經濟效益越好。如果時代華納只和美國線上獨家分享內容，對當時在ISP

＊譯註：本書第一章提到，例如位於阿肯色州本頓維爾的「寶僑／沃爾瑪」團隊。

市場有三〇%市占率的美國線上來說，確實有助於提升競爭力，但時代華納也會因為排擠了其他七〇%的業者而受損。而且，即使時代華納只給美國線上優惠待遇，其他業者也可能抵制其內容，作為報復。

併購風潮從何而來？

誠如前述，很少併購案能夠創造出價值。那些確實創造價值的併購案，通常需要審慎管理，而且要非常了解是什麼因素推動併購對象的價值。坦白講，有能力併購的收購者並不多，那麼，為什麼還有這麼多公司，堅持以併購作為策略呢？

就像市場上的許多事情一樣，答案是：不當的激勵。

目前企業界獎勵執行長的模式，在兩個方面很容易讓他們以併購方式碰運氣。首先，一九九〇年代以來，隨著股票薪酬的增加，一次成功的收購賭注可讓執行長的身價大幅提高。如果收購案讓股價大漲，執行長可獲得龐大的個人利益。此外，薪酬方案與公司規模密切相關，而收購會讓公司規模變得更大。即使是失敗的收購，對執行長個人來說還是有利可圖。

玩具製造業者美泰兒（Mattel）與教育軟體開發商學習公司（Learning）的併購案，以及惠普與Autonomy公司的併購案，是近年來最慘烈的併購案例。這兩樁併構案確實導致美泰兒的執行長吉兒・芭拉德（Jill Barad）和惠普的執行長李艾科（Leo Apotheker）下台，但芭拉德離開時拿到了四千萬美元的遣散費，李艾科離開時拿到了兩千五百萬美元。

第二個理由比較令人意外，至少在美國是如此：財務會計標準委員會（Financial Accounting Standards Board, FASB）。二〇〇一年網路泡沫破裂以前，無形資產是以四十年攤銷。泡沫破裂以後，價值數十億美元的資產頓時變得一文不值，因此FASB決定，未來，公司的審計長將宣布無形資產是否受損；如果受損，將迫使它們立即沖銷受損金額。

此一變化帶來了意想不到的後果：收購變得更有吸引力，因為收購方的收益不再受到每年自動攤銷的限制。因此，在現今的收購時代，執行長要做的就是說服審計人員相信，即使收購案是天價，但收購的資產價值沒有減損，而且收購也不會對收益有任何負面影響。一般來說，只要公司的核心事業表現良好，且市值高於帳面價值，要說服審計人員並不難。

由於系統性的偏差，使得今天的美國企業執行長更容易選擇併購策略，再加上龐大交易帶來的陽剛心理與自我膨脹，或金融顧問的既得利益作祟，我們很可能會在未來幾年看到越來越多破壞價值的交易。但這不表示你一定要放棄交易，如果你改變對併購的想法，它可能會是一種很成功的成長方式。祕訣在於，**不要再把收購對象視為等待開採的寶石，而是把併購視為一種思維的交流**——在這種交流中，收購方藉由提供新的機會、提供更明智的管理、提供互補的新能力，來幫收購對象充分發揮其創造價值的潛力。

＊本章改寫自馬丁發表於《哈佛商業評論》的〈完成超完美併購〉（M&A: The One Thing You Need to Get Right）一文，二〇一六年六月號。

結語
感覺不對的模式，快丟掉！

我希望這本書能促使你思考，或者更準確地說，是重新思考。

主流的思考模式可能曾經讓你失望，吃盡苦頭。我希望我已經說服你，別再怪自己沒有好好地應用那些模式，因為那很可能不是你的錯，而是主流模式錯了。

我不期望你完全採用每一章根據我的論點所提出的另類模式，但我確實希望你能嘗試一下，好協助你繼續前進與學習。一再的使用有缺陷的模式，然後一再發現它失靈，並無法從中學到什麼，只是再次確認它無效罷了。嘗試不同的模式，觀察結果，並在承諾的結果沒有實現時，轉而嘗試新的模式，才能啟動正向的學習。

不能履行承諾的模式，就該斷然拋棄

當你在這個學習歷程中前進時，切記，你才是主角：**你的模式，由你自己掌控**。如果你一直因為模式失靈而責怪自己，又一直試圖更有效地使用該模式，那就會變成模式主控了你。這就像你給了它權力，去霸占你的大腦一樣。

相反的，如果你堅持模式理當產生它承諾的結果，並在重複測試未果時拋棄它，你就主控了你的模式。如果某個模式不適合你，你就應該斷然拋棄。

當然，你應該給現有的模式一個公平的運作機會。主流模式之所以成為主流，不是沒有原因的，但我會鼓勵大家對主流模式抱持一種健康的不耐煩心態。模式是一種承諾，等於在告訴你：「如果你使用我，我會為你產生以下結果。」與任何產品一樣，如果它顯然不能履行承諾，你就不該覺得有義務繼續買來用。

不過，我也很務實。我知道，我提議的一些模式不會廣泛被採用，特別是第十堂提到的執行方法。我最近分別與兩個人聊到第十堂的概念時，其中一位是學者（全球數一數二的管理大師），另一位是業界人士（舊金山灣區一家知名科技公司培訓與發展部門主管），他們都提到了一句話：「三流的點子加一流的執行力，優於一流的點子加上三流的執行力。」

我問他們：如果一個點子被三流的執行力拖累，你怎麼知道它是「一流」的？

那位業界人士沒有回答。也就是說，她不知道如何判斷那個點子是不是「一流的」。我接著追問，在她連什麼是「一流的」點子都無法定義的情況下，是如何去支持公司把那段話列為原則的呢？她說，這是確保「行動導向」的一個重要原則。遺憾的是，她沒有想到這個原則唯一能保證的，是所有採取的行動都將聚焦於將一個三流的點子付諸實現。更令人失望的是，她一點也沒有興趣去思考，她採用的模式是否可行或可取。

至於那位學者，他認為一個點子是否一流，應該由一個專家小組來判斷它「是否新穎」、「技術上是否出色」。然而，在商場上，所謂「一流的執行」就等同於成功。我指出，專家對新穎或技術出色的看法，與商業的成敗沒有已知的相關性。他一聽，只是換個方式重申他的觀點：「創意是一個點子的潛力，而執行力是落實這種潛力的程度。」當然，他沒有給潛力下定義，也沒有說潛力要怎麼衡量。所以，我就不再追問下去了。

我希望你可以用更開放的心態，去看待書中提到的這十四種模式，而不是像前述的學者或業界人士那樣。你可以想像一下，企業界所推崇的某種模式其實是有缺陷的，並因此嘗試不同的模式。如果替代模式效果不佳，我完全支持你回頭使用主流模式。但你與其他人對這十四種替代模式測試得越多，就越能推動管理實務上的進展。透過觀察這些模式的使用結果，你將會發現我所沒看到的，並進一步精進模式，以此來提升管理的淨效率，這，也是我寫這本書的目的。

致謝

有兩種人，我特別感謝。我以拋硬幣的方式來決定先感謝誰：正面是編輯，反面是我的合撰者。結果是正面！

十二年來，我一直很感謝《哈佛商業評論》的主編錢比恩。二〇〇九年我交稿給《哈佛商業評論》時（二〇一〇年發表），他是負責我那篇文章的編輯。在這之前，我已經在《哈佛商業評論》發表過八篇文章，與多位編輯合作過，所以我以為在那篇文章發表後，會換其他人擔任編輯。但那次合作實在太愉快了，成效又好，因此我由衷希望我的想法是錯的。果然錯了，《哈佛商業評論》持續讓錢比恩來處理我的文章。到二〇二一年為止，我們一起發表了二十篇文章，其中十一篇收錄在本書。二〇二二年發表的新文，成了本書的第十二篇。此外，他也幫我擴寫及編輯剩下的兩篇，一篇是以一九九三年我在《哈佛商業評論》發表的文章為基礎，另一篇是全新的文章。

大衛是非常優秀的編輯，也是很棒的合作夥伴。我常把包含太多構想的長篇大論寄給他，他會幫我找出最引人注目的想法，以及最佳的表達方式。他讓我變得更好，這可以說是編輯對作家最大的貢獻。此外，出版這本書也是他的主意。他發現有一條主軸貫穿我與他合作的文章，我覺得他的觀察很敏銳。所以，謝謝你，錢比恩。

本書有五章改寫自我與合撰者在《哈佛商業評論》發表過的文章，他們都是這些文章的卓越貢獻者。

其中兩篇是與老友兼合作者萊夫利一起寫的。眾所皆知他對那兩個主題很感興趣：顧客（第三堂）與策略（第四堂），所以我們一起合寫那兩篇文章並不意外。我與萊夫利的友誼長達數十年，已經很難完全釐清某個概念是誰先發想的，因為有可能我們同時都會想到。

第四堂還有另兩位合撰者，其一是瑞夫金，他曾在摩立特公司與我共事，離職後去了哈佛商學院，發展出極其出色的學術生涯。他是那篇文章的靈感來源，他在摩立特任職時，從我這裡學到了文中提到的策略發展流程，並把該理論傳授給哈佛商學院的學生，獲得熱烈回響與好評，他覺得很適合寫出來發表在《哈佛商業評論》上。他的好友席格高是華頓商學院傑出的策略學教授，也在課堂上教授這套理論，並成為我們這個寫作團隊不可或缺的一員。事實證明，我們四個人是一個強大的團隊。我很感謝以上三位合撰者為這一章所做的貢獻。

第五堂的原始合撰者是高斯比－史密斯，他是澳洲人，也是雪梨創新顧問公司 Second Road 的創辦人。我們是因為設計這個主題認識的。共事期間他說服我相信，協助商業界了解亞里斯多德的思想，有助於促成更好的創新成果。後來我們決定共同撰文。這篇文章花了很長的時間，是我在《哈佛商業評論》上篇幅最長的文章，但我們的努力是值得的。

第八堂的原始合撰者是我的老同事，即《創造卓越選擇》（*Creating Great Choices*）一書的合著者珍妮佛．瑞爾（Jennifer Riel）。我們經常一起幫公司的職能部門制定策略，所以我們認為有必要率先站出來寫一篇文章，談為什麼要制定職能策略，以及該怎麼做。能與珍妮佛一起合作，並為「現代商業中的職能策略」這樣重要的主題奠定基礎，真的很棒。

第十二堂的原始合撰者，是我在設計領域的長期合作夥伴布朗。多年來，我們一直致力於設計與策略的交融，這篇文章就是我們合作的成品之一。

所以，萊夫利、瑞夫金、席格高、高斯比－史密斯、瑞爾、布朗，謝謝你們！你們的合作為本書貢獻良多。

這是我在哈佛商業評論出版社（Harvard Business Review Press）出版的第八本書，我在那裡有一支很棒的合作團隊。傑夫・凱霍（Jeff Kehoe）是這八本書的主編；《哈佛商業評論》的總編兼出版社發行人阿迪・伊格納修斯（Adi Ignatius）一直很支持我在雜誌與出版社發表的作品。此外，團隊成員莎莉・阿什沃斯（Sally Ashworth）、茱莉・迪沃爾（Julie Devoll）、史蒂芬尼・芬克斯（Stephani Finks）、艾利卡・海爾曼（Erika Heilman）、費利西亞・辛努薩斯（Felicia Sinusas）、安妮・史塔（Anne Starr）也一如既往的表現出色。

這本書的出版，我再次與Cave Henricks公關顧問公司的宣傳團隊芭芭拉・亨瑞克斯（Barbara Henricks）及潔西卡・可拉科斯基（Jessica Krakoski）合作，我深感榮幸。

最後，我想感謝內人瑪麗—露易絲（Marie-Louise Skafte）。我文思泉湧的時期始於二〇一三年，在那年我認識了她，我覺得這並非巧合！謝謝你成為我的好伴侶、最佳支持者與繆斯。

羅傑・馬丁

寫於佛羅里達州的羅德岱堡

國家圖書館出版品預行編目（CIP）資料

豁然開朗的商業模式思考：《哈佛商業評論》高效率團隊 14 堂醒腦課 / 羅傑 . 馬丁 (Roger L. Martin) 著 ; 洪慧芳譯 . -- 初版 . -- [臺北市] : 早安財經文化有限公司 , 2024.04

面； 公分 . -- (早安財經講堂 ; 105)

譯自 : A new way to think : your guide to superior management effectiveness.

ISBN 978-626-98453-6-1(平裝)

1.CST: 商業管理 2.CST: 企業經營 3.CST: 策略管理

494.1 113003220

早安財經講堂 105

豁然開朗的商業模式思考

《哈佛商業評論》高效率團隊 14 堂醒腦課

A New Way to Think

Your Guide to Superior Management Effectiveness

作　　者：羅傑・馬丁 Roger L. Martin
譯　　者：洪慧芳
特約編輯：莊雪珠
封面設計：Bert.design
責任編輯：沈博思、黃秀如

發 行 人：沈雲驄
發行人特助：戴志靜、黃靜怡
行銷企畫：楊佩珍、游荏涵
出版發行：早安財經文化有限公司
電話：(02) 2368-6840　傳真：(02) 2368-7115
早安財經網站：goodmorningpress.com
早安財經粉絲專頁：www.facebook.com/gmpress
沈雲驄說財經 podcast：linktr.ee/goodmoneytalk

早安財經官網　沈雲驄說財經

郵撥帳號：19708033　戶名：早安財經文化有限公司
讀者服務專線：(02)2368-6840　服務時間：週一至週五 10:00~18:00
24 小時傳真服務：(02)2368-7115
讀者服務信箱：service@morningnet.com.tw

總 經 銷：大和書報圖書股份有限公司
電話：(02)8990-2588
製版印刷：中原造像股份有限公司
初版 1 刷：2024 年 4 月

定　　價：480 元
I S B N：978-626-98453-6-1（平裝）